机电一体化专业
骨干教师培训教程

刘建华　茹秋生　冯健明　郑　昊　顾宇辉　编著

北　京
冶金工业出版社
2023

内 容 提 要

本书共分 8 章，内容包括：气压与液压传动控制技术，机械系统装配技术，PLC 编程方法、思路与技巧，工业自动化与过程控制技术，变频器应用技术，工业控制网络应用技术，数控机床装调与维修技术，工业机械手、机器人技术，并引入典型生产实例，针对实践操作应用进行了详细讲解，重点说明应用原理与具体操作方法。

本书既可作为职业院校骨干教师的培训教材，也可作为工程技术人员的参考书。

图书在版编目 (CIP) 数据

机电一体化专业骨干教师培训教程/刘建华等编著 . —北京：冶金工业出版社，2023.6

ISBN 978-7-5024-9473-5

Ⅰ . ① 机 …　　Ⅱ . ① 刘 …　　Ⅲ . ① 机 电 一 体 化—教 师 培 训—教 材　Ⅳ . ①TH-39

中国国家版本馆 CIP 数据核字 (2023) 第 062226 号

机电一体化专业骨干教师培训教程

出版发行	冶金工业出版社	**电　话**	(010)64027926
地　址	北京市东城区嵩祝院北巷 39 号	**邮　编**	100009
网　址	www. mip1953. com	**电子信箱**	service@ mip1953. com

责任编辑　王　颖　美术编辑　吕欣童　版式设计　郑小利
责任校对　葛新霞　责任印制　窦　唯

北京捷迅佳彩印刷有限公司印刷
2023 年 6 月第 1 版，2023 年 6 月第 1 次印刷
787mm×1092mm　1/16；19 印张；460 千字；294 页

定价 49. 90 元

投稿电话　(010)64027932　投稿信箱　tougao@cnmip. com. cn
营销中心电话　(010)64044283
冶金工业出版社天猫旗舰店　yjgycbs. tmall. com
(本书如有印装质量问题，本社营销中心负责退换)

前　言

　　近年来，随着机电一体化技术的迅速发展，特别是职业院校中高贯通"机电一体化技术-机电技术应用"专业设置以来，中等职业学校师资队伍建设一直是困扰其发展的瓶颈。上海市师资培训基地自 2009 年成立以来，先后在技能及教学方法上对中职骨干教师进行培训，经过十余年的培训实践，收集整理了大量机电一体化专业培训教学案例和相关讲义，经过优中选优，整理编辑成本书。

　　本书从实际应用出发，兼顾教学需求与教法需求，将两者进行有机整合，并做到前后呼应。本书采用理论与实践相结合的形式，引入大量工程中的应用实例，参考全国职业院校技能大赛、世界技能大赛机电一体化项目，突出前沿技术应用，同时引入"1+X"智能制造设备安装与调试职业技能鉴定等级内容以及上海社会化评价组织"电工"考核内容作为相关知识与技能的拓展。

　　本书共分为 8 章：第 1 章介绍了气压与液压传动控制技术，以传统的气动控制配合继电接触器控制线路的安装、调试为主要内容；第 2 章以二维工作台机械装配技术、变速箱模块装配技术、分度转盘模块装配技术为主要内容进行分析讲解；第 3 章介绍了 PLC 编程方法、思路与技巧，以三菱 FX 系列 PLC 应用为例，针对同一项目采用不同形式的编程方法，拓展程序设计思路；第 4 章介绍了工业自动化与过程控制技术，针对西门子 S7-300 系列 PLC 模拟量输入、模拟量输出应用进行介绍；第 5 章介绍了变频器应用技术，讲解了西门子 V20 变频器、三菱 FR-E740 变频器应用技术；第 6 章以西门子 1500 系列 PLC 远程 I/O 应用、PLC 网络远程控制变频器、触摸屏与 S7-1500 PLC 网络连接与应用，以及 S7-1500 CPU 之间 TCP 通信组态为主要内容，介绍了工业控制网络的基本应用；第 7 章针对典型的 FANUC 0i mate-TD 经济型的数控车床系统，说明安装接线与系统设置方法；第 8 章介绍了目前智能制造系统中广泛应用的发那科 Mate200iD-4S 机器人相关知识。

　　本书由上海市高级技工学校刘建华、茹秋生、冯健明、郑昊、顾宇辉编著。其中第 1 章和第 2 章由冯健明编写；第 3 章~第 5 章由刘建华编写；第 6 章由郑昊编写；第 7 章由茹秋生编写；第 8 章由顾宇辉编写。全书由刘建华负责统稿。

　　本书在编写过程中，参考并引用了相关文献资料，在此向有关文献作者表示衷心的感谢。

　　由于编者水平所限，书中不妥之处，恳请广大读者批评指正。

编　者

2023 年 1 月

目　　录

1　气压与液压传动控制技术

1.1　材料成型装置气控回路设计

1.1.1　课题分析

气控材料成型装置工作示意图如图 1-1 所示。其工作要求：利用一个气缸对塑料板材进行成型加工。气缸活塞杆在两个按钮 SB1、SB2 同时按下后伸出，带动曲柄连杆机构对塑料板材进行压制成型。加工完毕后，通过另一个按钮 SB3 让气缸活塞杆回缩。

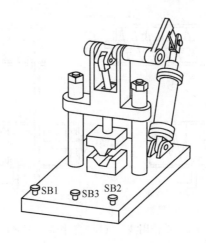

图 1-1　气控材料成型装置工作示意图

课题目的

(1) 掌握气动压力控制元件的结构和工作原理。

(2) 熟练使用各类压力控制元件。

(3) 熟悉典型气动控制回路。

(4) 掌握部分气动元件的工作原理及职能符号。

课题重点

(1) 熟悉典型气动控制元件，掌握简单的气动控制回路。

(2) 能根据需求，设计简单的气动回路。

课题难点

(1) 典型的气动控制元件的结构及工作原理。

(2) 典型的气动回路设计方法。

(3) 系统的仿真调试。

1.1.2 气、液压传动工作原理

液压与气压传动的工作原理是相似的，它们都是执行元件在控制元件的控制下，将传动介质（压缩空气或液压油）的压力能转换为机械能，从而实现对执行机构运动的控制。

图 1-2 和图 1-3 为液（气）压执行机构（液、气压缸）的活塞在控制元件（换向阀）的控制下实现运动的工作过程示意图。

图 1-2 所示的单作用缸动作控制示意图中，按下换向阀 4 的按钮前，进油（气）口 5 封闭，单作用缸的活塞 2 由于弹簧的作用力处于缸体的左侧。按下按钮后，换向阀切换到左位，使液压油（压缩空气）进油（气）口 5 与缸的左侧腔体（无杆腔）相通，液压油（压缩空气）推动活塞克服摩擦力和弹簧的反作用力，向右运动，带动活塞杆向外伸出。松开按钮，换向阀在弹簧力的作用下回到右位，进油（气）口 5 再次封闭，缸无杆腔与排油（气）口 6 相通，由于油（气）压作用在活塞左侧的推力消失，在缸复位弹簧弹力的作用下，活塞缩回。这样就实现了单作用缸活塞杆在油（气）压和弹簧作用下的直线往复运动。

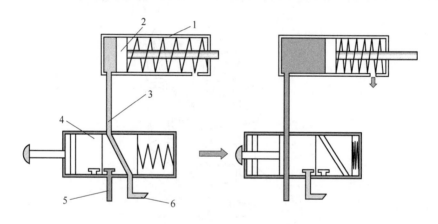

图 1-2　单作用液、气压缸动作控制示意图

1—单作用缸；2—活塞；3—连接管；4—按钮式二位三通换向阀；
5—进油（气）口；6—排油（气）口

图 1-3 所示的双作用缸动作控制示意图中，在按下换向阀 4 的按钮前，双作用缸左腔（无杆腔）与排油（气）口 6 连通，右腔（有杆腔）与液压油（压缩空气）进油（气）口 5 连通，在液压油（压缩空气）的压力作用下使活塞处于缸体左侧，活塞杆处于缩回状态。按下按钮后，换向阀切换至左位，使缸左腔与进油（气）口 5 相通，右腔与排油（气）口 6 相通，压力作用推动活塞向右运动，带动活塞杆伸出。松开按钮，换向阀 4 复位，压力作用在活塞右侧，使活塞杆再次缩回。这样就实现了双作用缸活塞杆在油（气）压作用下的直线往复运动。

通过图 1-2 和图 1-3 可以看出，双作用缸与单作用缸的工作原理是有区别的。单作用缸活塞仅有一个方向上的运动是通过压力作用实现的；而双作用缸活塞的双向往复运动都是在压力作用下实现的。用于控制这两种缸的换向阀在结构上也有所不同，控制单作用缸的换向阀有一个进油（气）口、一个排油（气）口和一个与缸相连的输出口；而控制双作用缸的换向阀由于同时要控制缸内两个腔的进排油（气），所以有两个输出口。

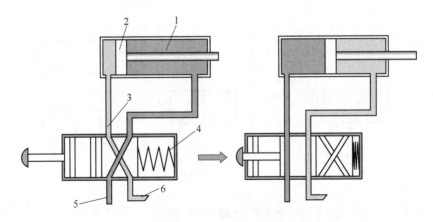

图 1-3　双作用液、气压缸动作控制示意图

1—双作用缸；2—活塞；3—连接管；4—按钮式二位四通换向阀；

5—进油（气）口；6—排油（气）口

1.1.3　双压阀

　　在本任务中，采用两个按钮同时按下后塑料板材成型设备才能开始工作。按钮同时导通时设备启动的信号，在逻辑上分析，两个按钮需要完成逻辑"与"的功能。那么在气动回路中，有什么元件能实现逻辑"与"的功能呢？

　　双压阀就是能实现逻辑"与"的功能。如图 1-4 所示，双压阀有两个输入口 1(3) 和一个输出口 2。只有当两个输入口都有输入信号时，输出口才有输出，从而实现了逻辑"与门"的功能。当两个输入信号压力不等时，则输出压力相对低的一个，因此它还有选择压力作用。

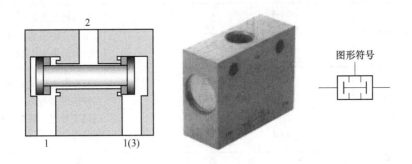

图 1-4　双压阀工作原理及实物图

　　在气动控制回路中的逻辑"与"除了可以用双压阀实现外，还可以通过输入信号的串联实现，如图 1-5 所示。

1.1.4　气压传动方向控制阀及典型回路

1.1.4.1　方向控制阀

　　方向控制阀是气压传动系统中通过改变压缩空气的流动方向和气流的通断，来控制执

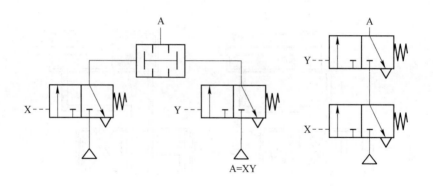

图 1-5 逻辑"与"功能

行元件启动、停止及运动方向的气动元件。可根据方向控制阀的功能、控制方式、结构方式、阀内气流的方向及密封形式等进行分类。方向控制阀的分类和特点见表 1-1。

表 1-1 方向控制阀的分类和特点

类别		名称	符 号	特 点
方向型控制阀		单向阀	P_2 ——○—— P_1	气流只能一个方向流动而不能反向流动，且压降较小
		或门型梭阀	P_2 —— A —— P_1	两单向阀的组合，其作用相当于"或门"。常用作信号处理元件
		与门型梭阀	P_2 —— A —— P_1	两个单向阀的组合，其作用相当于"与门"。主要用于互锁控制、安全控制、检查功能或者逻辑操作
		快速排气阀	A P —— T	快速排气阀可使气缸活塞运动速度加快，特别是在单作用气缸情况下，可以避免其回程时间过长
换向型控制阀	气压控制换向阀	单气控加压式换向阀	A K P　T	利用空气的压力与弹簧力相平衡的原理进行控制。操作安全可靠，适用于易燃、易爆、潮湿和多粉尘等场合
		双气控加压式换向阀	B A K_1　　　K_2 T_2 P T_1	具有记忆功能。气控信号消失后，阀仍能保持在有信号时的工作状态
	电磁控制换向阀	直动式电磁换向阀	单电控直动式换向阀　双电控直动式换向阀	直动式电磁阀是由一个或两个电磁铁直接推动阀芯移动。其结构简单、紧凑，换向频率高

续表1-1

类别		名称	符 号	特 点
换向型控制阀	电磁控制换向阀	先导式电磁换向阀	单电控先导式换向阀　　双电控先导式换向阀	先导式电磁阀是由小型直动式电磁阀和大型气控换向阀构成。其体积小、动作可靠、换向灵敏
	人力控制换向阀	人控换向阀	O_1　A P　O_2　B	可按人的意志进行操作、使用频率较低、动作较慢、操作力不大，通径较小、操作灵活
	机械控制换向阀	机控阀（行程阀）		这种阀可用于湿度大、粉尘多、油分多，不宜用于电气行程开关的场合，不宜用于复杂的控制装置中
	时间控制换向阀	延时阀		使气流通过气阻节流后到气容中，当气容内建立起一定的压力后，使阀芯换向。适用易燃、易爆、粉尘大的场合
		脉冲阀		靠气流经过气阻、气容的延时作用，使输入的长信号变成脉冲信号输出的阀

1.1.4.2 换向回路

A 单作用气缸换向回路

单作用气缸换向回路如图1-6所示。

B 双作用气缸换向回路

各种双作用气缸的换向回路如图1-7所示，图1-7（a）为比较简单的换向回路，图1-7（f）还有中停位置，但中停定位精度不高，图1-7（d）(e)(f)的两端控制电磁铁线圈或按钮不能同时操作，否则将出现误动作，其回路相当于双稳的逻辑功能，在图1-7（b）的回路中，当A有压缩空气时气缸推出。反之，气缸退回。

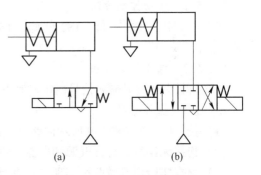

(a)　　　　　(b)

图1-6 单作用气缸换向回路

（a）二位三通单电控；（b）三位四通双电控

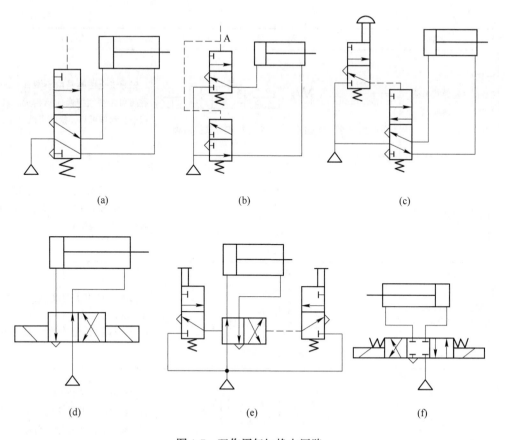

图 1-7 双作用气缸换向回路

1.1.5 系统设计

在本任务中气缸活塞只有在两个按钮全部按下时才会伸出，从而保证双手在气缸伸出时不会因操作不当受到伤害。这种双手操作回路是一种很常见的安全保护回路。在图 1-1 中，SB1 和 SB2 为双手操作按钮。当两个按钮同时按下后，气缸活塞才能动作，气缸伸出。SB3 为气缸复位按钮，当 SB3 按下后气缸缩回，设备恢复初始状态。

1.1.5.1 气动控制方法

在图 1-8 中，1S1 气阀、1S2 气阀、1S3 气阀分别由图 1-1 中 SB1、SB2、SB3 按钮控制。

1.1.5.2 电气控制方法

电气控制中通过对输入信号的串联和并联可以很方便地实现逻辑"与""或"功能。

1.1.5.3 操作练习

(1) 按照图 1-8 和图 1-9 所示回路进行连接并检查。

(2) 连接无误后，打开气源和电源，观察气缸运行情况。

(3) 根据实验现象对两种实现方式进行比较。

(4) 对实验中出现的问题进行分析和解决。

(5) 实验完成后，将各元器件整理后放回原位。

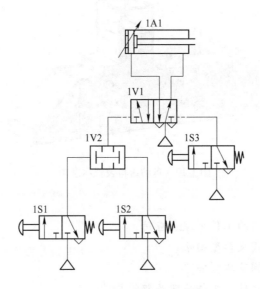

图 1-8 采用双压阀气控回路图

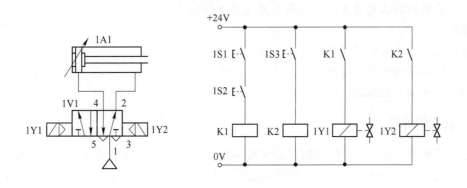

图 1-9 电气控制回路图

1.2 自动送料装置气控回路设计

1.2.1 课题分析

通过气缸实现的往复运动送料机构如图 1-10 所示。其工作要求为：利用一个双作用气缸将料仓中的成品推入滑槽进行装箱。为提高效率，采用一个带定位的开关启动气缸动作。按下开关，气缸活塞杆伸出，活塞杆伸到头即将工件推入了滑槽。工件推入滑槽后活塞杆自动缩回，活塞杆完全缩回后再次自动伸出，推下一个工件，如此循环，直至再次按下定位开关，气缸活塞完全缩回后停止。

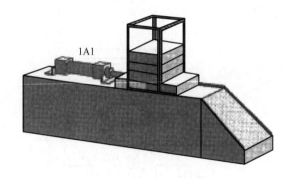

图 1-10 自动送料装置示意图

课题目的

(1) 掌握位置传感器的工作原理及应用。

(2) 熟悉压力控制阀及典型回路。

(3) 掌握流量控制阀及典型回路。

(4) 掌握部分气动元件的工作原理及职能符号。

课题重点

(1) 掌握位置传感器控制元件的工作原理及应用场合。

(2) 能够根据工作要求，设计简单的气动工作回路。

课题难点

(1) 位置传感器的工作原理及应用方式。

(2) 简单气动回路的设计。

(3) 气动回路的装调。

1.2.2 位置传感器

在本任务中，设备要求气缸能自动实现伸出和缩回，这样就解放了人力，实现了自动化控制。在自动控制过程中往往采用位置传感器作为启动或过程控制信号来实现控制回路的循环动作。

在自动控制回路中必须选择合适的位置传感器才能可靠地实现自动循环控制。为此，选择合适的位置传感器是十分重要的工作之一。

在采用行程程序控制的气动控制回路中，执行元件的每一步动作完成时都有相应的发信元件发出完成信号。下一步动作都应由前一步动作的完成信号来启动。这种在气动系统中的行程发信元件一般为位置传感器，包括行程阀、行程开关、各种接近开关，在一个回路中有多少个动作步骤就应有多少个位置传感器。以气缸作为执行元件的回路为例，气缸活塞运动到位后，通过安装在气缸活塞杆或气缸缸体相应位置的位置传感器发出的信号启动下一个动作。有时安装位置传感器比较困难或者根本无法进行位置检测时，行程信号也可用时间、压力信号等其他类型的信号来代替。此时所使用的检测元件也不再是位置传感器，而是相应的时间、压力检测元件。

在气动控制回路中最常用的位置传感器就是行程阀；采用电气控制时，最常用的位置传感器有行程开关、电容式传感器、电感式传感器、光电式传感器、光纤式传感器和磁感应式传感器。除行程开关外的各类传感器由于都采用非接触式的感应原理，所以也称为接近开关。

1.2.2.1 行程开关

行程开关是最常用的接触式位置检测元件，它的工作原理和行程阀非常接近。行程阀是利用机械外力使其内部气流换向，行程开关是利用机械外力改变其内部电触点通断情况。行程开关的实物图如图 1-11 所示。

图 1-11　行程开关实物图

1.2.2.2 电容式传感器

电容式传感器的感应面由两个同轴金属电极构成，很像"打开的"电容器电极。这两个电极构成一个电容，串接在振荡电路内，其工作原理如图 1-12 所示。电源接通时，振荡器不振荡，当一物体朝着电容器的电极靠近时，电容器的容量增加，振荡器开始振荡。通过后级电路的处理，将不振和振荡两种信号转换成开关信号，从而起到了检测有无物体存在的目的。这种传感器能检测金属物体，也能检测非金属物体，对金属物体可以获得最大的动作距离。而对非金属物体，动作距离的决定因素之一是材料的介电常数。材料的介电常数越大，可获得的动作距离越大。材料的面积对动作距离也有一定影响。

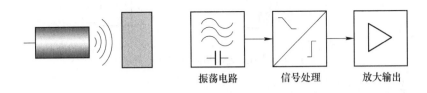

图 1-12　电容式传感器工作原理图

1.2.2.3 电感式传感器

电感式传感器的工作原理如图 1-13 所示。电感式传感器内部的振荡器在传感器工作表面产生一个交变磁场。当金属物体接近这一磁场并达到感应距离时，在金属物体内产生涡流，从而导致振荡衰减，以至停振。振荡器振荡及停振的变化被后级放大电路处理并转换成开关信号，触发驱动控制器件，从而达到非接触式的检测目的。电感式传感器只能检测金属物体。

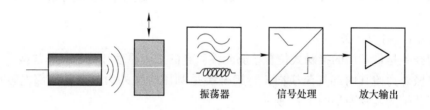

振荡器　　　　信号处理　　　　放大输出

图 1-13　电感式传感器工作原理图

1.2.2.4　光电式传感器

光电式传感器是通过把光强度的变化转换成电信号的变化来实现检测的。光电传感器在一般情况下由发射器、接收器和检测电路三部分构成。发射器对准物体发射光束，发射的光束一般来源于发光二极管和激光二极管等半导体光源。光束不间断地发射，或者改变脉冲宽度。接收器由光电二极管或光电晶体管组成，用于接收发射器发出的光线。常用的光电式传感器又可分为漫射式、反射式、对射式等几种。

A　漫射式光电传感器

漫射式光电传感器集发射器与接收器于一体，在前方无物体时，发射器发出的光不会被接收器所接收到。当前方有物体时，接收器就能接收到物体反射回来的部分光线，通过检测电路产生开关量的电信号输出。其工作原理图如图 1-14 所示。

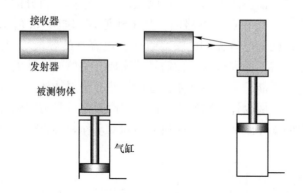

图 1-14　漫射式光电传感器工作原理图

B　反射式光电传感器

反射式光电传感器也是集发射器与接收器于一体，但与漫射式光电传感器不同的是其前方装有一块反射板。当反射板与发射器之间没有物体遮挡时，接收器可以接收到光线。当被测物体遮挡住反射板时，接收器无法接收到发射器发出的光线，传感器产生输出信号。其工作原理图如图 1-15 所示。

C　对射式光电传感器

对射式光电传感器的发射器和接收器是分离的。在发射器与接收器之间如果没有物体遮挡，发射器发出的光线能被接收器接收到。当有物体遮挡时，接收器接收不到发射器发出的光线，传感器产生输出信号。其工作原理图如图 1-16 所示。

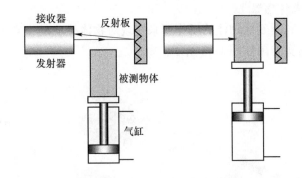

图 1-15 反射式光电传感器工作原理图

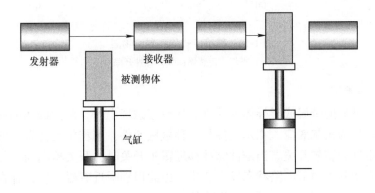

图 1-16 对射式光电传感器工作原理图

1.2.2.5 光纤式传感器

光纤式传感器把发射器发出的光用光导纤维引导到检测点，再把检测到的光信号用光纤引导到接收器。按动作方式的不同，光纤式传感器也可分为对射式、反射式、漫射式等多种类型。光纤式传感器可以实现被检测物体不在相近区域的检测。各类传感器的实物图如图 1-17 所示。

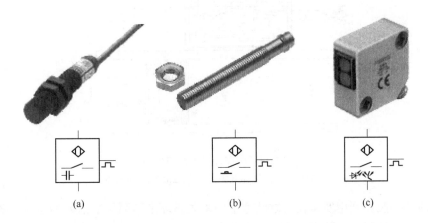

图 1-17 电容、电感、光电传感器实物图

（a）电容式传感器；（b）电感式传感器；（c）光电式传感器

1.2.2.6 磁感应式传感器

磁感应式传感器是利用磁性物体的场作用来实现对物体感应的，它主要有霍尔式传感器和磁性开关两种。其实物图如图 1-18 所示。

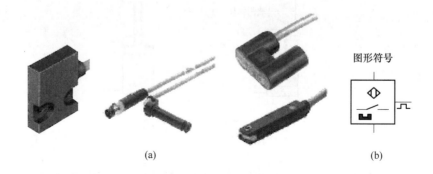

图形符号

(a)　　　　　　　(b)

图 1-18　磁感应式传感器实物图
(a) 霍尔式传感器；(b) 磁性开关

A　霍尔式传感器

当一块通有电流的金属或半导体薄片垂直地放在磁场中时，薄片的两端就会产生电位差，这种现象就称为霍尔效应。霍尔元件是一种磁敏元件，用霍尔元件做成的传感器称为霍尔传感器，也称为霍尔开关。当磁性物件移近霍尔开关时，开关检测面上的霍尔元件因产生霍尔效应而使开关内部电路状态发生变化，由此识别附近有磁性物体存在，并输出信号。这种接近开关的检测对象必须是磁性物体。

B　磁性开关

磁性开关是流体传动系统中所特有的。磁性开关可以直接安装在气缸缸体上，当带有磁性环的活塞移动到磁性开关所在位置时，磁性开关内的两个金属簧片在磁环磁场的作用下吸合，发出信号。当活塞移开，舌簧开关离开磁场，触点自动断开，信号切断。通过这种方式可以很方便地实现对气缸活塞位置的检测。其工作原理如图 1-19 所示。

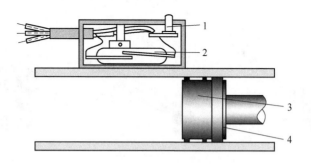

图 1-19　磁性开关工作原理图
1—指示灯；2—舌簧开关；3—气缸活塞；4—磁环

磁感应式传感器利用安装在气缸活塞上的永久磁环来检测气缸活塞的位置，省去了安装其他类型传感器所必需的支架连接件，节省了空间，安装调试也相对简单省时。其实物图和安装方式如图 1-20 所示。

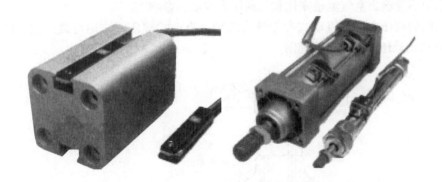

图 1-20　磁感应式传感器的实物图和安装方式

1.2.3　压力控制阀及典型回路

1.2.3.1　压力控制阀

A　压力控制阀的分类和特点

调节和控制压力大小的气动元件称为压力控制阀。它包括减压阀（调压阀）、溢流阀（安全阀）、顺序阀等。压力控制阀分类和特点见表 1-2。

表 1-2　压力控制阀分类和特点

名称	符号	特　点
减压阀		调节或控制气体压力的变化，并保持压力值稳定在需要的数值上，确保系统压力稳定的阀，称为减压阀
溢流阀		保证气动系统或贮气罐的安全，当压力超过调定值时，实现自动向外排气，使压力回到调定值范围内，也称安全阀
顺序阀		在两个以上的分支回路中，能够依据气压的高低控制执行元件，使其按规定的程序进行顺序动作的控制阀

这三类阀的共同特点是，利用作用于阀芯上压缩空气的压力和弹簧力相平衡的原理来进行工作。

B　压力控制阀的结构和原理

a　减压阀

气动设备的气源，一般都来自压缩空气站。气源所提供的压缩空气的压力通常都高于每台设备所需的工作压力。减压阀的作用是将较高的输入压力调整到系统需要的、低于输入压力的调定压力后再输出，并能保持输出压力稳定，以确保气动系统工作压力的稳定，使气动系统不受输出空气流量变化和气源压力波动的影响。

减压阀的调压方式有直动式和先导式两种，直动式减压阀应用得最广泛，图 1-21 为 QTY 型直动式减压阀的结构原理图。

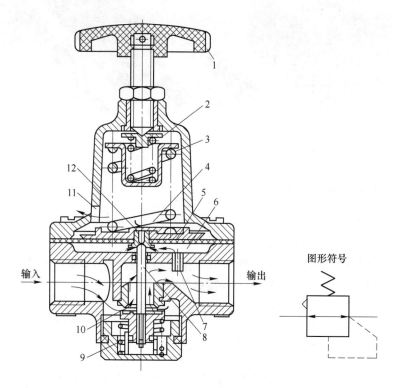

图 1-21 直动式减压阀结构原理图

1—旋钮；2，3—弹簧；4—溢流阀座；5—膜片；6—膜片气室；7—阻尼管；
8—阀芯；9—复位弹簧；10—进气阀口；11—排气孔；12—溢流孔

安装减压阀时，要按气流的方向和减压阀上所标示的箭头方向，依照分水滤气器、减压阀、油雾器的安装顺序进行安装。调压时应由低向高调至规定的压力值。减压阀不工作时应及时把旋钮松开，以免膜片变形。

b 溢流阀

当回路中气压上升到所规定的调定压力以上时，气流需要经排气口排出，以保证输入压力不超过设定值。此时应当采用溢流阀。溢流阀的工作原理如图 1-22 所示。

c 顺序阀

顺序阀是依靠气压系统中压力的变化来控制气动回路中各执行元件，使其按顺序动作的压力阀。其工作原理与液压顺序阀基本相同，顺序阀常与单向阀组合成单向顺序阀。图 1-23 所示为单向顺序阀的工作原理图。

1.2.3.2 压力控制回路

压力控制回路用于调节和控制系统压力，使之保持在某一规定的范围内。

A 简单压力控制回路

图 1-24 所示是常用的一种压力控制回路，用来对气源压力进行控制。

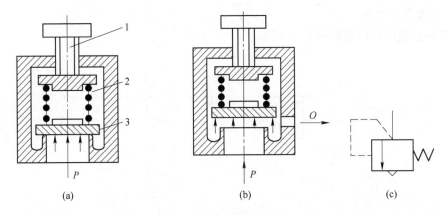

图 1-22 溢流阀的工作原理

(a) 关闭状态；(b) 开启状态；(c) 图形符号

1—旋钮；2—弹簧；3—活塞

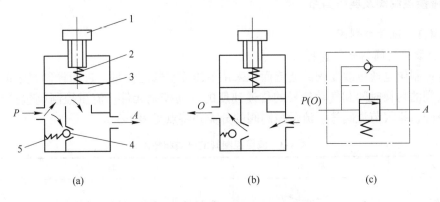

图 1-23 单向顺序阀的工作原理

(a) 正向流动；(b) 反向流动；(c) 图形符号

1—手柄；2—压缩弹簧；3—活塞；4—单向阀；5—小弹簧

B 高低压控制回路

由多个减压阀控制，实现多个压力同时输出，如图 1-25 所示，可同时输出高低两个压力 $P1$ 和 $P2$。

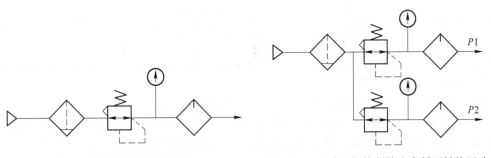

图 1-24 简单压力控制回路   图 1-25 由减压阀控制输出高低压转换回路

C 高低压切换回路

图 1-26 所示是利用换向阀和减压阀实现高低压切换输出的回路。

D　过载保护回路

常见的过载保护回路如图1-27所示。

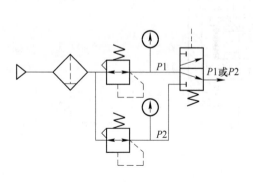
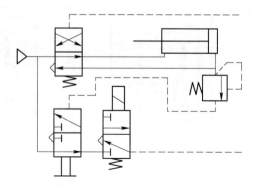

图1-26　高低压切换回路　　　　　　图1-27　过载保护回路

1.2.4　流量控制阀及典型回路

1.2.4.1　流量控制阀

A　流量控制阀的分类和特点

流量控制阀是通过改变阀的通流面积来调节压缩空气的流量，进而控制气缸的运动速度、换向阀的切换时间和气动信号的传递速度的气动控制元件。流量控制阀包括节流阀、单向节流阀、排气节流阀等。流量控制阀的分类和特点见表1-3。

表1-3　流量控制阀的分类和特点

名　称	符　号	特　点
节流阀		通过改变节流口的流通面积来实现流量调节
单向节流阀		由单向阀和节流阀组成，只对一个方向的气流有节流作用，对另一个方向的流动不节流
排气节流阀		在排气口装有消声器的节流阀，常装在主控阀的排气口上，用以控制执行元件的速度并降低排气噪声

B　流量控制阀的结构和原理

图1-28所示为圆柱斜切型节流阀的结构图与符号图。

单向节流阀是由单向阀和节流阀并联而成的组合式流量控制阀，常用于控制气缸的运动速度，又称为速度控制阀，图1-29所示为单向节流阀工作原理图。

排气节流阀是装在执行元件的排气口处，用以调节排入大气的流量，并改变执行元件的运动速度的一种控制阀。它常带有消声器件，以此降低排气时的噪声，并能防止不清洁的环境气体通过排气口污染气动系统的元件。图1-30所示是排气节流阀的工作原理图。

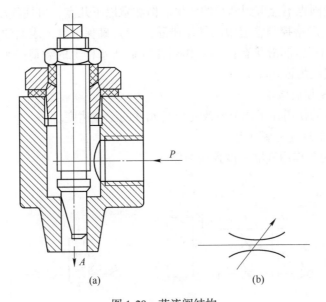

图 1-28 节流阀结构

（a）节流阀结构；（b）节流阀符号

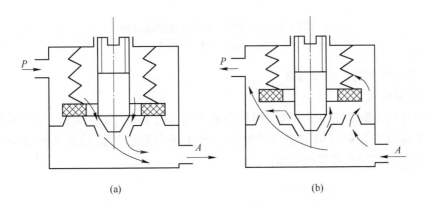

图 1-29 单向节流阀

（a）$P—A$ 状态；（b）$A—P$ 状态

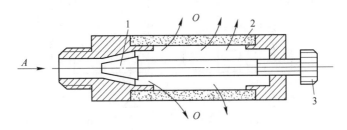

图 1-30 排气节流阀

1—节流口；2—消声套；3—调节杆

在气压传动系统中，用流量控制的方式来调节气缸的运动速度是比较困难的，尤其是在超低速控制中，要按照预定行程来控制速度，单气动很难实现。在外部负载变化很大时，仅用气动流量阀也不会得到满意的效果。但注意以下几点，可使气动控制速度达到比较好的效果：（1）严格控制管道中的气体泄漏；（2）确保气缸内表面的加工精度和质量；（3）保持气缸内的正常润滑状态；（4）作用在气缸活塞杆上的载荷必须稳定；（5）流量控制阀尽量装在气缸附近。

1.2.4.2 速度控制回路

速度控制回路的作用在于调节或改变执行元件的工作速度。

A 单作用气缸速度控制回路

图 1-31 所示为单作用气缸速度控制回路。

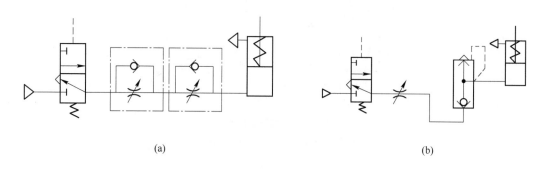

图 1-31　单作用气缸的速度控制回路

(a) 回路 1；(b) 回路 2

B 双作用气缸速度控制回路

a 单向调速回路

双作用缸有节流供气和节流排气两种调速方式。图 1-32 (a) 所示为节流供气调速回路，多用于垂直安装的气缸的供气回路中，在水平安装的气缸的供气回路中一般采用图 1-32 (b)所示的节流排气的回路。

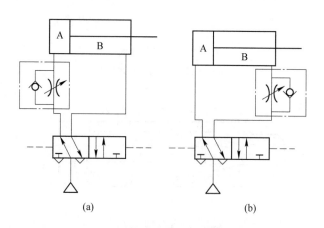

图 1-32　双作用缸单向调速回路

b 双向调速回路

在气缸的进、排气口装设节流阀，就组成了双向调速回路，在双向节流调速回路中，

图1-33（a）所示为采用单向节流阀式的双向节流调速回路，图1-33（b）所示为采用排气节流阀的双向节流调速回路。

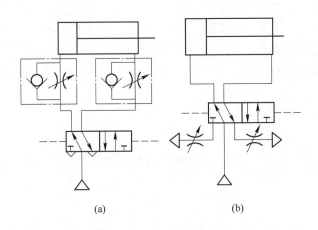

(a)　　　　　　　　(b)

图 1-33　双向调速回路

c　快速往复运动回路

图1-34 中两只单向节流阀换成快速排气阀就构成了快速往复回路，若要实现气缸单向快速运动，可只采用一只快速排气阀。

d　速度换接回路

图1-35 所示的速度换接回路是利用两个二位二通阀与单向节流阀并联。

e　缓冲回路

要获得气缸行程末端的缓冲，除采用带缓冲的气缸外，特别在行程长、速度快、惯性大的情况下，往往需要采用缓冲回路来满足气缸运动速度的要求，常用的方法如图1-36 所示。

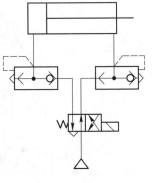

图 1-34　快速往复回路

图1-36 所示的回路，都只能实现一个运动方向上的缓冲，若两侧均安装此回路，可达到双向缓冲的目的。

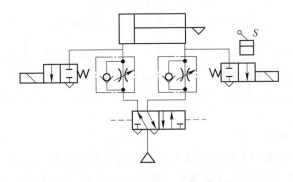

图 1-35　速度换接回路

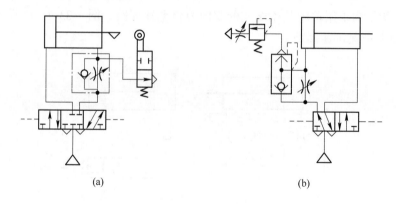

图 1-36 缓冲回路

1.2.5 系统设计

这是一个只有一个执行元件（双作用气缸 1A1）两步动作（活塞杆伸出和活塞杆缩回）的行程程序控制回路，如图 1-37 所示。

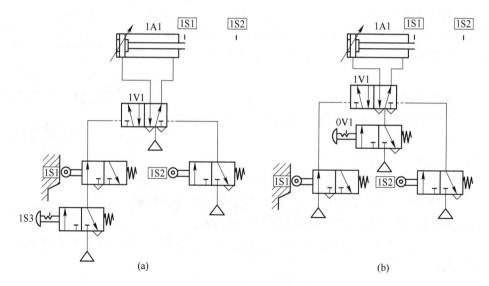

图 1-37 气动控制回路图

（a）正确的控制回路；（b）错误的控制回路

两步动作就应有两个相应的行程发信元件，一个检测活塞杆是否已经完全伸出，一个检测气缸活塞杆是否已经完全缩回。在气动控制回路中采用行程阀作为发信元件。根据要求，定位开关作为启动信号不应去控制气缸的气源，以防止气缸活塞在动作时，因气源被切断而无法回到原位。

1.2.5.1 纯气控回路

在图 1-37 中，行程阀 1S1 和 1S2 除了应画出与其他元件的连接方式外，为说明它们的行程检测作用，还应标明其实际安装位置。图中 1S1 的画法表明在启动之前它已经处于被压下的状态。

1.2.5.2 电气控制回路

在采用电气方式进行控制时，行程发信元件可以采用行程开关或各类接近开关。和气动控制回路图中的行程阀一样，在图中也应标出其安装位置。应当注意的是：采用行程开关、电容式传感器、电感式传感器、光电式传感器时，这些传感器都是检测活塞杆前部凸块的位置，所以传感器安装位置应在活塞杆的前方，如图 1-38 所示；采用磁感应式传感器时，传感器检测的是活塞上磁环的位置，所以其安装位置应在气缸缸体上，如图 1-39 所示。

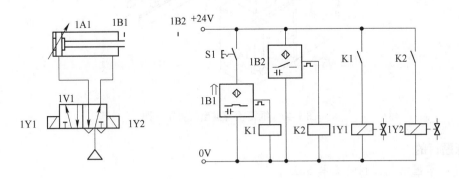

图 1-38 电气控制回路图（采用电容式传感器）

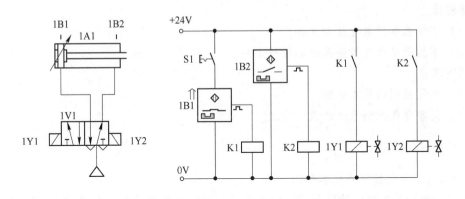

图 1-39 电气控制回路图（采用磁感应式传感器）

1.3 纸箱抬升推出装置电气控制回路设计

1.3.1 课题分析

纸箱抬升推出装置示意图如图 1-40 所示。其工作要求为：利用两个液压缸把已经装箱打包完成的纸箱从自动生产线上取下。按下一个按钮控制液压缸 1A1 活塞杆伸出，将送来的纸箱抬升到液压缸 2A1 前方；到位后液压缸 2A1 伸出，将纸箱推入滑槽；完成后，液压缸 1A1 和液压缸 2A1 活塞同时缩回，一个工作过程完成。为防止活塞运动速度过快使纸箱破损应对液压缸活塞杆伸出速度进行调节。

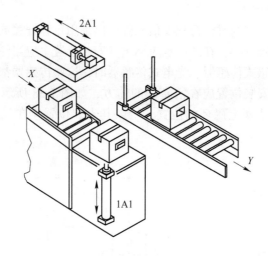

图 1-40 纸箱抬升推出装置示意图

课题目的

(1) 掌握电气控制的基本方法。

(2) 掌握基本的电气控制元件。

(3) 学会简单的电气控制系统设计。

课题重点

(1) 掌握基本的电气控制元件。

(2) 掌握简单电气控制系统的设计方法。

课题难点

(1) 电气控制的基本方法。

(2) 简单电气控制系统的设计方法。

1.3.2 电气控制简介

1.3.2.1 电气控制的基本知识

电气控制回路主要由按钮开关、行程开关、继电器及其触点、电磁铁线圈等组成。通过按钮或行程开关使电磁铁通电或断电来控制触点接通或断开的被控制主回路，称为继电器控制回路。电路中的触点有常开触点和常闭触点两种。

1.3.2.2 电气回路图绘图原则

电气回路图通常以一种层次分明的梯形法表示，也称梯形图。它是利用电气元件符号进行顺序控制系统设计的最常用的一种方法。梯形图表示法可分为水平梯形回路图及垂直梯形回路图两种。

图 1-41 所示为水平梯形回路图，图中上下两平行线代表控制回路图的电源线，称为母线。梯形图的绘图原则如下：

图中上端为电源线，下端为接零线。电路图的构成是由左向右进行的。为便于读图，接线上要加上线号。

控制元件的连接线接于电源母线之间，且尽可能用直线。连接线与实际的元件配置无关，由上而下依照动作的顺序来决定。连接线所连接的元件均用电气符号表示，且均为未操作时状态。在连接线上，所有的开关、继电器等的触点位置由水平电路上侧的电源母线开始连接。

一个梯形图网络由多个梯级组成，每个输出元素（继电器线圈等）可构成一个梯级。在连接线上，各种负载（如继电器、电磁线圈、指示灯等）的位置通常是输出元素，要放在水平电路的下侧。各元件的电气符号旁注上文字符号。

1.3.3 电气控制典型回路

1.3.3.1 是门电路（YES）
是门电路如图 1-42 所示。

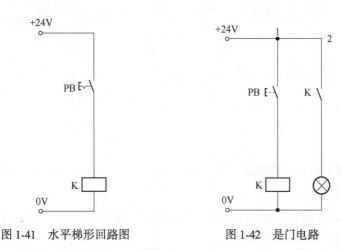

图 1-41　水平梯形回路图　　　　图 1-42　是门电路

1.3.3.2 或门电路（OR）
图 1-43 所示的或门电路也称为并联电路。或门电路的逻辑方程为 S=a+b+c。

1.3.3.3 与门电路（AND）
图 1-44 所示的与门电路也称为串联电路。与门电路的逻辑方程 S=a·b·c。

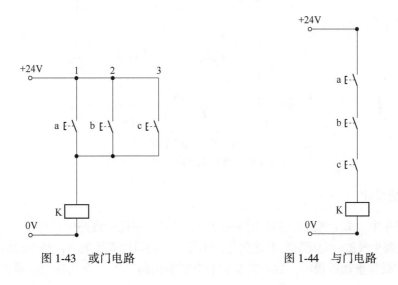

图 1-43　或门电路　　　　图 1-44　与门电路

1.3.3.4 自保持电路

自保持电路又称为记忆电路，在各种液、气压装置的控制电路中很常用，尤其是使用单电控电磁换向阀控制液、气压缸的运动时，需要自保持回路。图 1-45 所示列出了两种自保持回路。在图 1-45 （a）为停止优先自保持回路。图 1-45 （b）为启动优先自保持回路。

1.3.3.5 互锁电路

互锁电路用于防止错误动作的发生，以保护设备、人员安全，如电机的正转与反转，气缸的伸出与缩回，如图 1-46 所示。

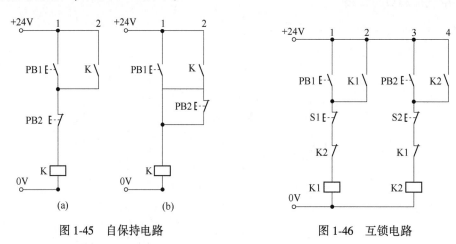

图 1-45　自保持电路　　　　　　　　图 1-46　互锁电路

1.3.3.6 延时电路

延时控制分为两种，即延时闭合和延时断开。图 1-47 （a）所示为延时闭合电路。图 1-47 （b）所示为延时断开电路。

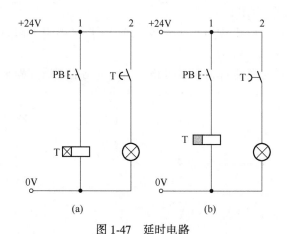

图 1-47　延时电路
（a）延时闭合电路；（b）延时断开电路

1.3.4　系统设计

在本任务中，两个气缸先后伸出再一起同时缩回。在设计线路中，后一个气缸的伸出到位信号就是两个气缸一起缩回的起始信号。本任务采用电磁阀控制将使整个线路清晰简单。

由于在纸箱推动过程中，我们需要控制纸箱推出的速度，为此我们需要在线路中增加速度控制来确保液压缸动作的速度。

1.3.4.1 电气控制回路设计

这是一个典型的行程程序控制回路，其控制要求与气动部分中的纸箱抬升推出装置（1）和（2）相似，只是将两缸的缩回改为同时进行。由于使用场合不同，所需抬升推出力大，所以本任务采用液压传动来实现。

1.3.4.2 操作练习

（1）根据图 1-48 所示回路进行液压回路及电气回路连接并检查。

（2）连接无误后，打开液压泵及电源，观察液压缸运行情况。

（3）分析说明为何在液压回路中 1V1 不能采用 M 型或 H 型中位。

（4）对比纸箱抬升推出装置（1）电气控制回路图，说明两者之间存在哪些区别。

（5）说明与按钮 S1 串联的 K4、K5 常开触点有什么作用。

（6）对实验中出现的问题进行分析和解决。

（7）实验完成后，将各元件整理后放回原位。

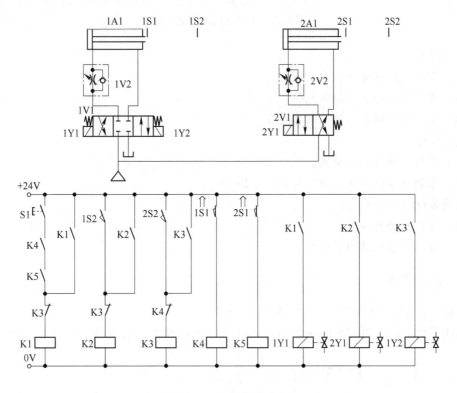

图 1-48　电气控制回路

1.4　工件推出装置回路设计

1.4.1　课题分析

工件推出装置示意图如图 1-49 所示。其工作要求为：通过按下一个按钮控制一双作用液压缸活塞杆伸出，将一传送装置送来的重型金属工件推到另一与其方向垂直的传送装置上进行进一步加工；按钮松开后，液压缸活塞缩回。

对于这个任务由于控制要求比较简单，此处可以采用纯液压控制方式，也可以采用电气控制方式。在完成此任务前，读者需要掌握液压阀等相关知识。

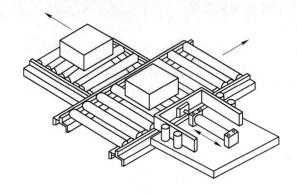

图 1-49　工件推出装置示意图

课题目的

（1）掌握液压传动的基本方法。

（2）掌握基本的液压控制元件。

（3）学会简单的液压传动回路设计。

课题重点

（1）掌握液压传动的特点。

（2）掌握简单液压传动回路的设计方法。

课题难点

（1）液压传动的特点。

（2）液压传动回路的设计方法。

1.4.2　液压控制阀

1.4.2.1　液压控制阀的结构特点

液压系统中的控制阀根据阀芯结构不同可分为座阀和滑阀两种，如图 1-50 所示。座

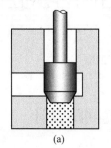
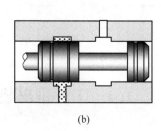

(a)　　　　　　　　　　　　(b)

图 1-50　液压控制阀结构示意图

（a）座阀；（b）滑阀

阀式结构的液压控制阀其阀芯大于管路直径，是从端面上对液流进行控制的；滑阀式结构的液压控制阀和气动系统中的滑阀一样是通过圆柱形阀芯在阀套内作轴向运动来实现控制作用的。

A 座阀

座阀按阀芯形状不同，主要有球阀、锥阀两种，如图 1-51 所示。球阀制造比较简单，但液体流过时易产生振动和噪声；锥阀密封性能好，但安装精度要求较高。

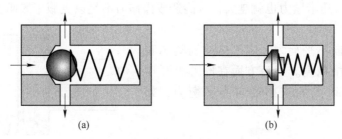

图 1-51 不同阀芯的座阀结构示意图

（a）球阀；（b）锥阀

座阀式结构的液压控制阀可以保证关闭时的严密性，但由于背压的存在使得让阀芯运动所需的操作力也相应提高，有时可以通过图 1-52 所示的方法采用压力平衡回路来减小操作力。

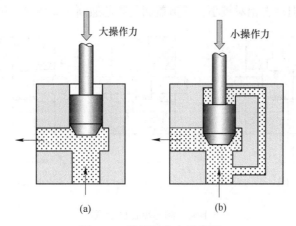

图 1-52 座阀操作力示意图

（a）无压力平衡回路；（b）有压力平衡回路

B 滑阀

一般滑阀的阀芯和阀套间都存在着很小的间隙，当间隙均匀且充满油液时，阀芯运动只要克服摩擦力和弹簧力（如果有）即可，操作力是很小的。但由于有间隙的存在，在高压时会造成油液的泄漏加剧，严重影响系统性能，所以滑阀式结构的液压控制阀不适合用于高压系统。

a 液压卡紧现象

滑阀的阀芯有时会出现阀芯移动困难或无法移动的现象，我们称之为液压卡紧现象。引起液压卡紧的原因一般有以下几点：

（1）脏物卡入阀芯与阀套的间隙；

（2）间隙过小，油温升高时造成阀芯膨胀而卡死；

（3）滑阀副几何形状误差和同心度变化，引起径向不平衡液压力。

其中径向不平衡液压力是造成液压卡死的最主要原因。当阀芯受到径向不平衡液压力作用而偏向一边时，将该处间隙的油液挤出。这样阀芯与阀套间的润滑油膜就会消失，阀芯与阀套间的摩擦成为干摩擦或半干摩擦，阀芯移动所需的操作力因而大大增加。滑阀停留的时间越长，液压卡紧力也就越大，可能造成操作力不足以克服卡紧阻力，而无法推动阀芯正常动作。

为了减小径向不平衡力，应严格控制阀芯和阀套的制造和装配精度。另一方面在阀芯上开环形均压槽，也可以大大减小径向不平衡力，如图1-53 所示。

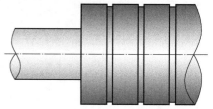

图 1-53 环形均压槽示意图

b 覆盖面

滑阀的开关特性由阀芯的覆盖面确定，如图 1-54所示，阀芯的覆盖面可分为正覆盖面、负覆盖面和零覆盖面。

正覆盖面的阀芯在关断接口时，各接口同时被阻断，不会出现压力的瞬间下降，但易出现开关冲击，启动冲击也较大；负覆盖面的阀芯在关断接口时，各接口瞬时内会互相接通，造成压力瞬时下降，但冲击相对较小；零覆盖面的阀芯通断接口快速，可以实现快速通断。

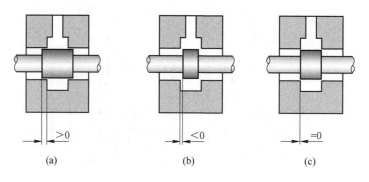

(a)	(b)	(c)
>0	<0	=0

图 1-54 阀芯覆盖面示意图

（a）正覆盖面；（b）负覆盖面；（c）零覆盖面

c 控制边缘

阀芯的控制边缘如果十分平整会在接口通断切换时造成较强的压力冲击。这时可以将工作边缘加工出一定的斜坡或多个轴向三角槽，让接口的通断有一个过渡阶段，来减小压力冲击，如图1-55 所示。

1.4.2.2 液压控制阀的连接方式

一个液压系统中各个液压控制阀的连接方式主要有管式连接、板式连接、集成式连接。集成式又可分为集成块式、叠加阀式和插装锥阀式。

A 管式连接

管式连接就是将管式液压阀用管道互相连接起来，构成液压回路，如图1-56（a）所

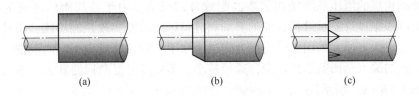

图 1-55 阀芯控制边缘示意图

（a）平整的控制边缘；（b）带斜坡的控制边缘；（c）带轴向三角槽的控制边缘

示。在管式连接中，管道与控制阀一般采用螺纹管接头连接，流量大时则用法兰连接。

管式连接不需要其他专门的连接元件，系统中各阀之间油液运行线路明确，但由于结构分散，其所占空间大，管路交错，接头数量多，不便于装拆维修，易造成漏油和空气渗入，易产生振动和噪声。目前管式连接在液压系统中使用较少。

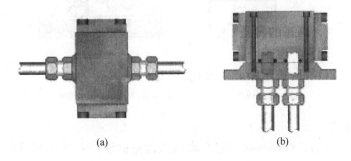

图 1-56 管式连接和板式连接方式示意图

（a）管式连接；（b）板式连接

B 板式连接

板式连接就是将液压阀用螺钉安装在专门的连接板上，液压管道与连接板背面相连，如图 1-56（b）所示。板式连接结构简单，密封性较好，油路检查也较方便，但所需安装空间较大。

C 集成式连接

a 集成块式

集成块式是利用集成块将标准化的板式液压元件连接在一起构成液压系统的。集成块是一种代替管路把液压阀连接起来的连接体，在集成块内根据各控制油路设计加工出所需的油通道。集成块与装在周围的控制阀构成了可以完成一定控制功能的集成块组。将多个集成块组叠加在一起就可构成一个完整的集成块式液压传动系统。

集成块式连接结构紧凑，装卸维修方便，可以根据控制需要选择相应的集成块组，被广泛用于各种液压系统中。这种方式的缺点是设计工作量大，加工复杂，已经组成的系统不能随意修改。

b 叠加阀式

叠加阀式是液压元件集成连接的另一种方式，它由叠加阀互相连接而成。叠加阀除了具有液压控制阀的基本功能外，还有油路通道的作用。因此，由叠加阀组成的液压系统不需要使用其他类型的连接体或连接管，只要将叠加阀直接叠合再用螺栓连接即可。

用叠加阀构成的液压系统结构紧凑，配置方式灵活。由于叠加阀已经成为标准化元件，所以可以根据设计要求选择相应的叠加阀进行组装就能实现控制功能，设计、装配快捷，装卸改造也很方便。采用无管连接方式也消除了油管和管接头引起的漏油、振动和噪声。这种方式的缺点是回路形式较少，通径较小，不能满足复杂回路和大功率液压系统的需要，如图 1-57 (a) 所示。

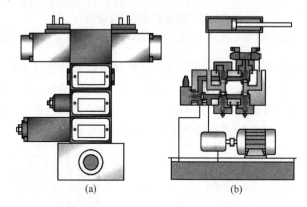

(a) (b)

图 1-57 集成式连接方式示意图

(a) 叠加阀式液压装置；(b) 插装阀构成的液压系统

c 插装锥阀式

插装式锥阀又称为二通插装阀，它在高压大流量的液压系统中得到非常广泛的应用，其结构如图 1-57 (b) 所示。通过对二通插装阀的组合就可组成满足要求的复合阀。利用插装阀组成的液压系统结构最紧凑，通流能力强，密封性能好，阀芯动作灵敏，对污染不敏感，但故障查找和对系统改造比较困难。二通插装阀结构如图 1-58 所示。

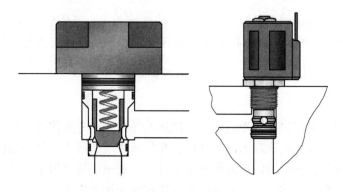

图 1-58 二通插装阀结构示意图

1.4.3 行程控制回路

和气动系统一样，在液压系统中行程控制回路是最基本的控制回路。只有在执行元件的运动的行程、方向符合要求的基础上我们才能进一步对速度和压力进行控制和调节。

实现行程控制的主要元件是方向控制阀。液压系统中用来控制油路的通断或改变油液流动方向，从而实现液压执行元件的动作要求或完成其他特殊功能的液压阀称为方向控制阀。它和气动系统中的方向控制阀一样主要分为单向阀和换向阀两类。

1.4.3.1 换向阀

换向阀是利用其阀芯对于阀体的相对运动，来接通、关断或变换油流动方向，实现液压执行元件的启动、停止或换向控制。换向阀是液压系统中最主要的控制元件。

如图1-59所示，液压换向阀常用的操纵方式主要有手动、机动、液动、电磁动和电液动。

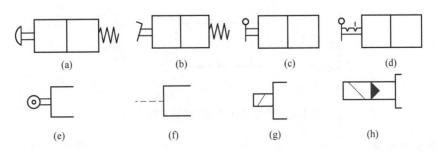

图 1-59 液压换向阀操控方式的表示方法

(a) 手动按钮，弹簧复位；(b) 脚踏式，弹簧复位；(c) 手柄式；(d) 带定位的手柄式；
(e) 滚轮式机械操控；(f) 液动换向；(g) 电磁换向；(h) 电液换向

A 手动换向阀

手动换向阀一般是利用手动杠杆来改变阀芯位置而实现换向的，其结构如图1-60所示。液压手动换向阀和气动系统中的人力控制换向阀类似。

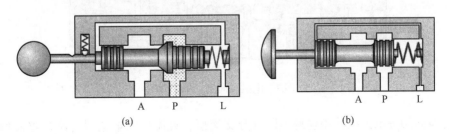

图 1-60 手动换向阀结构示意图

(a) 座阀式结构；(b) 滑阀式结构

在图1-60中可以看到换向阀弹簧腔设有泄油口L，其作用是将阀右侧泄漏进入弹簧腔的油液排回油箱。如果弹簧腔的油液不能及时排出，不仅会影响换向阀的换向操作，积聚到一定程度还会自动推动阀芯移动，使设备产生错误动作造成事故。图1-61所示的换向阀由于弹簧腔与阀回油口直接相通，所以不需要另设泄油口。

B 机动换向阀

机动换向阀和气动系统中的机械控制换向阀一样是借助于安装在工作台上的挡铁或凸轮

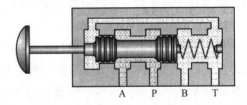

图 1-61 不带泄油口的二位四通换向阀

来迫使阀芯移动，从而达到改换油液流向的目的的。机动换向阀主要用来检测和控制机械运动部件的行程，所以又称为行程阀。

C 液动换向阀

液动换向阀是利用控制油路的压力来改变阀芯位置的换向阀，其工作原理和气动系统中的气压控制换向阀相似。液动换向阀如果换向过快会造成压力冲击，如图 1-62 所示，这时可以通过在其液控口设置单向节流阀来降低其切换速度。

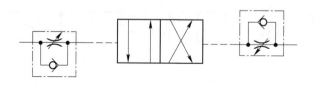

图 1-62 设置单向节流阀的液动换向阀

D 电磁换向阀

液压电磁换向阀和气动系统中的电磁换向阀一样也是利用电磁线圈的通电吸合与断电释放，直接推动阀芯运动来控制液流方向的。电磁换向阀结构如图 1-63 所示。

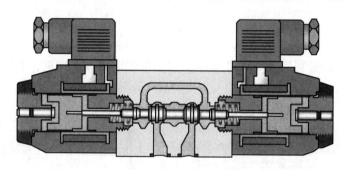

图 1-63 电磁换向阀工作原理图

电磁换向阀按电磁铁使用电源不同可分交流型、直流型和本整型（本机整流型）。交流式启动力大，不需要专门的电源，吸合、释放快速，但在电源电压下降 15% 以上时，吸力会明显下降，影响工作可靠性；直流式工作可靠，冲击小，允许的切换频率高，体积小，寿命长，但需要专门的直流电源；本整型本身自带整流器，可将通入的交流电转换为直流电再供给直流电磁铁。

电磁换向阀按衔铁工作腔是否有油液还可以分为干式和湿式两种。干式电磁铁寿命短，易发热，易泄漏，所以目前大多采用湿式电磁铁。

E 电液换向阀

在大中型液压设备中，当通过换向阀的流量较大时，作用在换向阀芯上的摩擦力和液动力就比较大，直接用电磁铁来推动阀芯移动就会比较困难甚至无法实现，这时可以用电液换向阀来代替电磁换向阀。电液换向阀由小型电磁换向阀（先导阀）和大型液动换向阀（主阀）两部分组合而成。电磁阀起先导作用，它利用电信号改变主阀阀芯两端控制液流的方向，控制液压流再去推动液动主阀阀芯改变位置实现换向。

由于电磁先导阀本身不需要通过很大的流量，所以可以比较容易实现电磁换向。而先导阀输出的液压油则可以产生很大的液压推力来推动主阀换向。所以液动主阀可以有很大的阀芯尺寸，允许通过较大的流量，这样就实现了用较小的电磁铁来控制较大的液流的目的。它的工作原理和气动系统中的先导式电磁换向阀类似。电液换向阀工作原理图如图1-64所示。

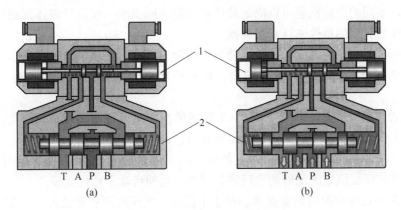

图1-64　电液换向阀工作原理图

（a）换向前；（b）换向后

1—电磁先导阀；2—液动主阀

电磁换向阀和电液换向阀都是电气系统与液压系统之间的信号转换元件。它们能直接利用按钮开关、行程开关、接近开关、压力开关等电气元件发出的电信号实现液压系统的各种操作及对执行元件的动作控制，是液压系统中最重要的控制元件。

各种液压换向阀的实物图如图1-65所示。

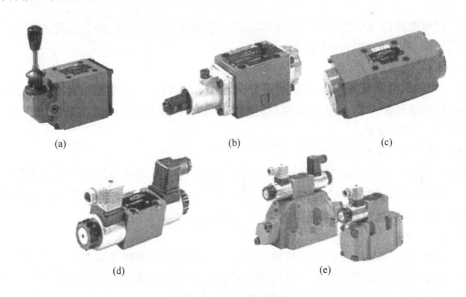

图1-65　液压换向阀实物图

（a）手动换向阀；（b）机动换向阀；（c）液动换向阀；（d）电磁换向阀；（e）电液换向阀

1.4.3.2　液压换向阀的通道口表示方法

换向阀各通道口的表示方法为：P—供油口；T—回油口；A、B—输出口；L—泄油口。

1.4.3.3　换向阀的中位机能

液压系统中所用的三位换向阀，当阀芯处于中间位置时各油口的连通情况称为换向阀的中位机能。不同的中位机能可以满足液压系统的不同要求，在设计液压回路时应根据不同的中位机能所具有的特性来选择换向阀。

在分析和选择三位换向阀的中位机能时，通常应考虑以下几个问题。

（1）是否需系统保压。对于中位 A、B 油口堵塞的换向阀，中位具有一定的保压作用。

（2）是否需系统卸荷。对于中位 P、T 导通的换向阀，可以实现系统卸荷。但此时如并联有其他工作元件，会使其无法得到足够压力，而不能正常动作。

（3）启动平稳性要求。在中位时，如液压缸某腔通过换向阀 A 或 B 口与油箱相通，会造成启动时液压缸该腔无足够的油液进行缓冲，而使启动平稳性变差。

（4）换向平稳性和换向精度要求。对于中位时与液压缸两腔相通的 A、B 口均堵塞的换向阀，换向时油液有突然的速度变化，易产生液压冲击，换向平稳性差，但换向精度则相对较高。相反，如果换向阀与液压缸两腔相通的 A、B 油口均与 T 口相通，换向时具有一定的过渡作用，换向比较平稳，液压冲击小，但工作部件的制动效果差，换向精度低。

（5）是否需液压缸"浮动"和能在任意位置停止。如中位时换向阀与液压缸相连的 A、B 口相通，卧式液压缸就呈"浮动"状态，可以通过其他机械装置调整其活塞的位置。如果中位时换向阀 A、B 油口均堵塞则可以使液压缸活塞在任意位置停止。

1.4.4　系统设计

为了能在操作过程中更好的分析实验状态，读者可以在液压缸的左右腔各安装一个压力表，其所测的压力分别为 $P1$ 和 $P2$。

1.4.4.1　液压控制回路

图 1-66 中的 0Z1 为由油箱、液压泵、电动机和装有压力表的溢流阀组成的泵站。该泵站所构成的液压源（除油箱外）在以后的各回路中，为简化起见，用三角形"△"表示，油箱用"⊔"表示。

1.4.4.2　电气控制回路

液压系统采用电气控制所用的电气元件与气动系统中所用的电气元件基本相同，这里不再一一赘述。可以如图 1-67 中的方式 1 所示不用中间继电器实现控制要求，也可以如方式 2 利用中间继电器来增加回路的功能可扩展性。

1.4.4.3　操作练习

（1）了解实际实验设备的连接和使用方法，掌握实验正确操作规范。

（2）根据实际实验设备情况，合理调节系统最高压力，确保实验安全。

（3）根据图 1-66 及图 1-67 所示回路进行连接并检查。

（4）连接无误后，打开液压泵电源，观察液压缸运行情况。

（5）记录液压缸活塞伸出时间和缩回时间，说明其与活塞有效作用面积之间的关系。

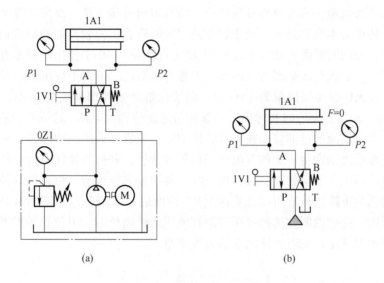

图 1-66　液压控制回路图

（a）完整画法；（b）简化画法

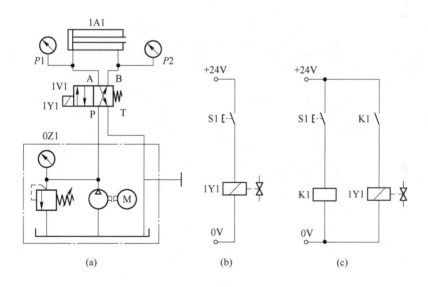

图 1-67　电气控制回路

（a）液压回路；（b）方式 1；（c）方式 2

（6）记录液压缸活塞伸出、缩回时液压缸两腔压力值，说明压力大小与负载之间的关系。

（7）对实验中出现的问题进行分析和解决。

（8）实验完成后，将各元件整理后放回原位。

注意：在采用定量泵供油进行这个实验时，往往会发现液压缸空载伸出时的工作压力 $P1$ 和排油压力 $P2$ 均很小，而缩回时工作压力 $P2$ 和排油压力 $P1$ 都要高出许多。而在理论上，空载时不论是液压缸伸出还是返回，油压只要克服活塞、活塞杆与液压缸体间的摩擦力就能使活塞产生运动，压力值都应该很小，活塞缩回时压力值不应突然增大。

根据液压传动基本原理分析，液压缸活塞缩回时造成压力较高的原因有两个，一是在摩擦力一定时，缩回时活塞有效作用面积为 $A2$（有杆腔），小于伸出时活塞有效作用面积为 $A1$（无杆腔），造成克服摩擦力所需的压力相对较高；二是由于液压缸缩回速度为 $q/A2$（q 为泵排量），无杆腔排油流量为 $qA1/A2$；而液压缸活塞伸出速度为 $q/A1$，有杆腔排油流量为 $qA2/A1$，液压缸缩回时和伸出时排油流量之比达到 $A7/A2$。这说明在液压缸活塞缩回时时，会有大量油液通过油管和换向阀流回油箱，油管和换向阀内通路如果通径较小就会对这种大流量的排油产生一定的节流作用而形成背压，并使供油压力相应升高。

如果对液压泵进行节流控制，减少液压缸的供油量和排油量，可以发现液压缸活塞缩回时两腔压力明显下降，最后可以几乎接近 0。说明后一原因是造成液压缸缩回时供油压力高的主要原因。这也说明在选择液压管路和液压元件通径时，不仅要考虑通过的最大供油流量，同时也要考虑排油时可能出现的最大流量。

2 机械系统装配技术

2.1 二维工作台机械装配技术

2.1.1 课题分析

二维工作台结构如图 2-1 所示。

图 2-1 二维工作台

结构与组成，二维工作台由底板、中滑板、上滑板、直线导轨副、滚珠丝杆副、轴承座、轴承内隔圈、轴承外隔圈、轴承预紧套管、轴承座透盖、轴承座闷盖、丝杆螺母支座、圆螺母、限位开关、手轮、齿轮、等高垫块、轴承座调整垫片、丝杆螺母支座调整垫片、轴端挡片、轴用弹性挡圈、角接触轴承（7202AC）、深沟球轴承（6202）、导轨定位块、导轨夹紧装置等组成。

工作要求：读懂二维工作台装配图，根据技术要求和装配工艺规程对零部件进行安装和调整，安装完成后对二维工作台各项精度进行检验。

课题目的

（1）了解二维工作台各零件之间的装配关系，机构的运动原理及功能。

（2）掌握二维导轨的拆装与调整方法。

（3）会使用各种仪器仪表，能对二维工作台进行安装精度的测量，并对测得数据进行分析、判断并进行调整。

（4）注重在操作过程中的安全。

课题重点

（1）能够读懂二维工作台部件装配图。

（2）理解图纸中的技术要求，根据技术要求和零件的机构进行安装和调整。

课题难点

（1）对设备几何精度超差原因的分析，并实施设备精度调整。

（2）能够规范合理地写出二维工作台的装配工艺过程。

（3）完成二维工作台的装配与调整。

2.1.2　滚动导轨

滚动导轨是在刀具或工件等运动件和导轨之间放置滚动体（滚珠、滚柱、滚动轴承等）。该导轨具有摩擦系数小，运动灵便，不易出现爬行现象；定位精度高，磨损较小，使用寿命长，润滑方便；但结构较为复杂，加工较困难，成本较高以及对脏物及导轨面的误差比较敏感等特点，如图 2-2 所示。

图 2-2　滚动导轨

2.1.2.1　直线滚子导轨

直线滚子导轨摩擦系数小、精度高、安装方便。由于它是一个独立部件，对机床支承导轨的部分要求不高，既不需要淬硬也不需磨削或刮研，只要精铣或精刨。这种导轨可以预紧，因而比滚动导轨刚度高，承载能力大，为提高抗振性有时装有抗振阻尼滑座，如图 2-3 所示。

注意：在冲击载荷大，振动大的机床上不宜应用直线导轨。

直线运动导轨的移动速度可达 60m/min，在数控机床和加工中心等机床上广泛应用。

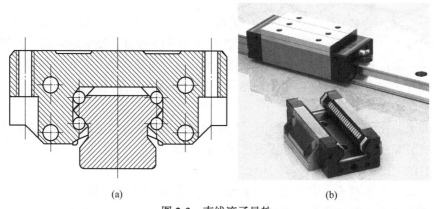

（a）　　　　　　　　　　　　　　　　（b）

图 2-3　直线滚子导轨

（a）导轨截面；（b）导轨外形

2.1.2.2　直线滚柱导轨

直线滚柱导轨是平面导轨与直线滚柱导轨的组合，用滚柱安装在平行导轨上，用滚柱代钢球承载机床的运动部件，如图2-4所示。直线滚柱导轨接触面积大，承载负荷大，灵敏度高。从导轨截面看，支架与滚柱置于平面导轨的顶面和侧面，为了获得高精度，在机床工作部件和支架内部之间，设置一块楔板，使预加负载作用于支架的侧面，工作部件的重量作用于支架的顶面。与传统的平面导轨相比直线滚柱导轨能经受高速运转，改善机床的性能，广泛用于中型或大型机床上。

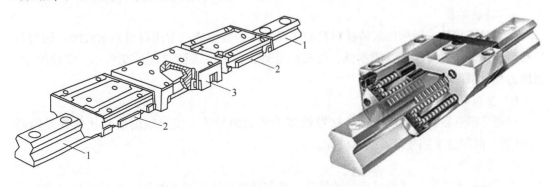

图 2-4　直线滚柱导轨

1—导轨条；2—循环滚柱滑座；3—抗振阻尼滑座

当振动和冲击较大，精度要求较高时，两条导轨的凹面都要定位，这种定位称为双导轨定位，如图2-5所示。双导轨定位要求定位面平行度高，对调整垫的加工精度要求较高，调整难度较大。

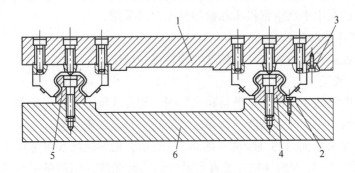

图 2-5　双导轨直线滚柱导轨

1—工作台；2，3—调整垫；4，5—导轨条；6—床身

2.1.3　机床导轨的精度要求

2.1.3.1　机床导轨的基本要求

（1）具有很高的导向精度、灵活性和平稳性。

（2）足够的刚度、较好的稳定性和保持精度的持久性，同时对温度变化的适应性要好。

（3）载能力大，耐磨性好，支承导轨硬度应大于动导轨，以车床导轨为例，床身导轨面的硬度应高于溜板导轨面的硬度。

（4）具有良好的结构工艺性。

机床导轨的基本参数是：导轨的宽度 b、运动件和承导件的配合长度 L、三角形导轨的顶角 α。导轨的宽度与运动件绕导轨轴线转动的大小有关，导轨的配合长度与倾覆力矩和导向精度有关。

2.1.3.2 机床导轨材料及性能

A 铸铁导轨

普通机床导轨一般采用灰铸铁材料与床身整体铸造而成，常用材料是 HT200。该材料具有铸造性好，容易制造，成本低，经过热处理，时效，表面淬火后变形小，吸收振动、耐压力和耐磨好，应用广泛。

B 镶钢导轨

精密机床、数控机床或滚珠丝杠导轨多采用镶钢导轨。该导轨耐磨性比铸铁导轨高 5~10 倍。但制造工艺复杂，成本较高。

C 青铜导轨

青铜导轨大多用于重型机床的动导轨，并与铸铁的支撑导轨相配，可防止导轨表面拉伤和提高耐磨性。

D 镶塑导轨

镶塑导轨常用在与铸铁机体导轨相配合的工作台导轨上，用螺钉紧固或黏接一层塑料板（如尼龙板等），形成一种塑料—铸铁摩擦副，以减少导轨磨损及损伤，提高使用寿命。同时由于本身较软，使机体导轨的磨损可减少 1/4~1/2。此外，塑料板具有自润滑性能，磨损后可以更换，无须对机体导轨面再加工，还有良好的吸振能力、防爬行能力和一定的耐磨能力。目前已在中小型精密机床和数控机床中被采用。

2.1.3.3 机床导轨的精度

机床导轨精度主要包括导轨几何精度和导轨接触精度。

A 导轨几何精度

导轨几何精度包括导轨在垂直平面和水平面内的直线度，以及导轨与导轨之间或导轨与其他结合面之间的相互位置精度，即导轨之间的平行度和垂直度。

（1）导轨在垂直平面内的直线度。如图 2-6 所示，沿导轨的长度方向作假想垂直平面 A 与导轨相截，所得交线即为导轨在垂直平面内的实际轮廓。用两条平行其距离最小的直线包容该交线最高、最低点，所得距离 Δ 即为到导轨在垂直平面内的直线度误差值。

（2）导轨在水平平面内的直线度。如图 2-7 所示，沿导轨的长度方向作假想垂直平面 B 与导轨相截，所得交线即为导轨在水平平面内的实际轮廓。用两条平行其距离最小的直线包容该交线最高、最低点，所得距离 Δ 即为到导轨在水平平面内的直线度误差值。

轨直线度误差分为 1m 长度内在直线度误差和导轨在全长内的直线度误差。一般机床导轨在 1m 长度内的直线度误差为 0.015~0.02mm；在 1m 长度内的平行度误差为 0.02~0.05mm。

（3）两导轨面间的平行度误差。两导轨面间的平行度误差也称导轨的扭曲，它是两导轨面在横向每米长度内的扭曲值 δ，如图 2-8 所示。如立式双柱坐标镗床（见图 2-9）的两根立柱 4、7 必须相互平行。一般机床导轨的平行度误差为 0.02~0.05mm/1000mm。

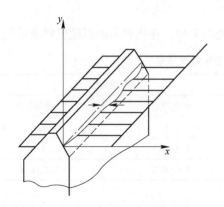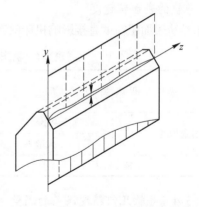

图 2-6　导轨在垂直平面内的直线度误差　　图 2-7　导轨在水平平面内的直线度误差

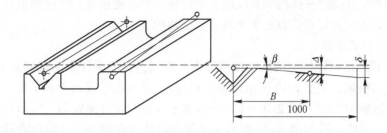

图 2-8　导轨与导轨间的平行度

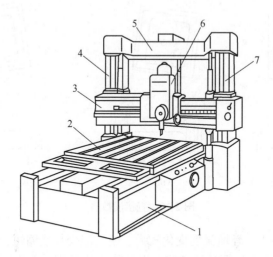

图 2-9　立式双柱坐标镗床

1—床身；2—工作台；3—横梁；4，7—立柱；5—顶梁；6—主轴箱

（4）两导轨面间的垂直度误差。两导轨面间的垂直度形式很多，如图 2-9 所示，立式双柱坐标镗床立柱 4 和 7 与横梁 3 必须垂直才能保证被加工件的加工精度。

B　导轨接触精度

一对导轨面的接触精度一般用涂色法检查。对于刮削的导轨以导轨表面 25mm×25mm 范围内的接触点数作为精度指标，对于磨削的导轨一般用接触面积大小作为精度指标。

C 导轨的表面粗糙度

机床导轨表面粗糙度直接影响机床的精度和使用寿命，导轨表面的粗糙度要求见表2-1。

表 2-1　机床导轨表面粗糙度要求

机床类型		表面粗糙度/μm	
		支撑导轨	动导轨
普通精度	中小型	0.8	1.6
	大型	1.6~0.8	1.6
精密机床		1.6~0.8	1.6~0.8

2.1.3.4　导轨几何精度误差的测量

导轨几何精度的检测方法有多种，在实际生产中一般都使用水平仪来进行测量。用水平仪只能测量导轨在垂直平面内的直线度、平行度、平面度误差，不能测量在水平平面内的导轨直线度误差。有绝对读数法和平均读数法两种。

A 水平仪的读数方法

（1）绝对读数法。以气泡两端的长刻线作为零线，气泡向任意一端偏离零线的格数，即为实际偏差的格数，如图2-10所示。图2-10（a）表示水平仪处于水平位置，气泡两端位于零线上，读数为"0"；图2-10（b）表示水平仪逆时针方向倾斜，气泡向右移动，图示位置读数为"+2"；图2-10（c）表示水平仪顺时针方向倾斜，气泡向左移动，图示位置读数为"-3"。

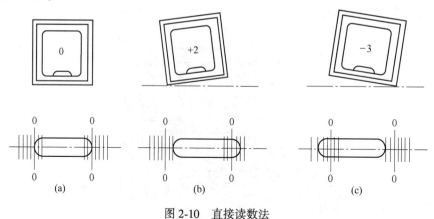

图 2-10　直接读数法

（2）平均读数法。由于环境温度变化较大，使气泡变长或缩短，引起读数误差而影响测量的正确性，此时，可采用平均读数法，以消除读数误差。平均读数法读数是分别从两条长刻线起，向气泡移动方向读至气泡端点止，然后取这两个读数的平均值作为这次测量的读数值。

如图2-11（a）所示，由于环境温度较高，气泡变长，测量位置使气泡左移。读数时，从左边长刻线起，向左读数"-3"；从右边长刻线起，向左读数"-2"。取这两个读数的平均值，作为这次测量的读数值：

$$\frac{(-3)+(-2)}{2}=-2.5$$

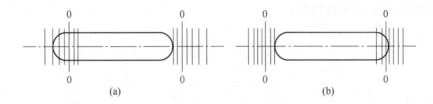

图 2-11　平均读数法

如图 2-11（b）所示，由于环境温度较低，气泡缩短，测量位置使气泡右移，按上述读数方法，读数分别为"+2"和"+1"，则测量的读数值是：

$$\frac{(+2)+(+1)}{2}=+1.5$$

由于平均读数法不受环境温度影响，因此读数精度高。

B　用水平仪测量的方法和步骤

（1）把水平仪固定在专用的测量垫板上，垫板下部的支承面应按导轨形状制造，上部两端支承面中心线的间距 l 称为跨距（与水平仪长度相当），总长 l 通常比跨距长 5~30mm。

（2）把垫板和水平仪一起放在被测导轨的两端和中部位置上，将导轨先大致调整成水平位置。把全长分段，每段长度与垫板跨距长相适应。依次首尾相接逐段测量，取得各段读数，反映各段的倾斜值。

（3）把各段测量读数值逐点累积，画出导轨直线度误差的曲线图。

（4）用最小包容区域法或两端点连线法，确定最大误差格数，并计算出直线度误差值，同时判断导轨凹凸部位。若求出的误差值不符合规定要求，则对照曲线图上误差部位，制定下一步刮削方案。

2.1.4　制定机械装配步骤

装配前，安装面清理。

2.1.4.1　底面第一根导轨的安装

（1）用深度游标卡尺测量导轨与基准面距离，如图 2-12 所示，使导轨到基准面 A 距离达到图 2-13 的要求。

图 2-12　测量导轨与基准面距离

导轨侧面到基准面 A 的距离：

$L = 35 - 15/2 = 27.5\text{mm}$

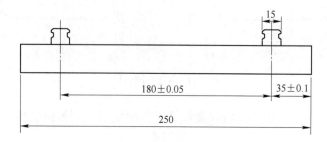

图 2-13　导轨 1 位置示意图

（2）将杠杆式百分表吸在直线导轨的滑块上，百分表的测量头打在基准面 A 上，如图 2-14 所示，沿直线导轨滑动滑块，使得导轨与基准面之间的平行度符合要求，将导轨螺钉及固定装置打紧固定导轨。

（3）导轨定位块的安装，打紧导轨固定装置使导轨贴紧导轨基准块。如果导轨与基准块不能贴牢，则在导轨与基准块之间加入铜垫片。

2.1.4.2　检测第二根导轨与第一根导轨的平行度

（1）图 2-15 所示为用游标卡尺测量两导轨之间的距离，将两导轨的距离调整到图纸所要求的距离，如图 2-16 所示。

两导轨侧面间的距离：$L = 180 + 2 \times 15/2 = 195\text{mm}$

（2）以已安装好的导轨为基准，将杠杆式百分表吸在基准导轨的滑块上，百分表的测量头打在另一根导轨的侧面，沿基准导轨滑动滑块如图 2-17 所示，使得两导轨之间的平行度符合要求，将导轨固定装置打紧固定导轨。

图 2-14　检测导轨与基准面的平行度

图 2-15　测量两导轨之间的距离

（3）导轨定位块的安装，打紧导轨固定装置使导轨两端贴紧底板上面的另外两个导轨基准块。如果导轨与基准块不能贴牢，则在导轨与基准块之间加入铜垫片。至此，完成底板两导轨的装配。

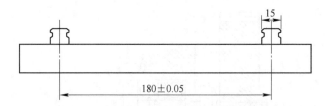

图 2-16　两导轨之间位置示意图

图 2-17　检测两导轨之间的平行度

2.1.4.3　滚珠丝杠的安装

（1）用螺钉将丝杠螺母支座固定在丝杠的螺母上，如图 2-18 所示。

图 2-18　安装螺母支座

（2）如图 2-19 所示，将两个角接触轴承和深沟球轴承安装在丝杠的相应位置上。

注意：两角接触轴承之间加内、外轴承隔圈。安装两角接触轴承之前，应先把轴承座透盖装在丝杆上。

轴承的安装方式如图 2-20 所示。

（3）轴承安装完成如图 2-21 所示。

（4）如图 2-22 所示，将丝杆安装在轴承座上。用塞尺检测端盖与轴承座的间隙，选择一种厚度最接近间隙大小的青稞纸垫片，安装在端盖与轴承座之间。

（5）用 M6×30 内六角螺钉，将轴承座预紧在底板上。

（6）将丝杠主动端的限位套管、圆螺母、齿轮装在丝杠上面，方便丝杠的转动。

图 2-19　安装角接触轴承和深沟球轴承

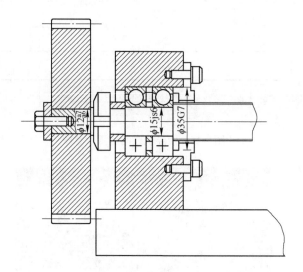

图 2-20 轴承安装方法

图 2-21 轴承安装完成示意图

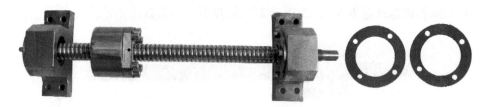

图 2-22 安装青稞纸垫片

（7）测量滚珠丝杠两端等高（或两轴承座等高），用百分表加百分表转接头测量丝杠的上母线，如图 2-23 所示，从而确定两轴承座的中心高的差值。

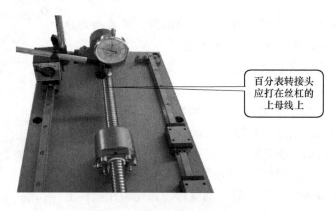

百分表转接头
应打在丝杠的
上母线上

图 2-23 测量滚珠丝杠两端等高

（8）在其中一个轴承座下边装入相应厚度的调整垫片（调整垫片有 3 种厚度供挑选），将轴承座的中心高调整到相等。

（9）测量滚珠丝杠侧母与导轨的平行度如图 2-24 所示，用百分表加百分表转接头测量丝杠的侧母线，使丝杠与导轨平行，并打紧轴承座螺钉，将轴承座固定。

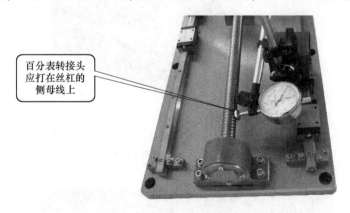

百分表转接头
应打在丝杠的
侧母线上

图 2-24　测量滚珠丝杠侧母与导轨的平行度

2.1.4.4　中滑板导轨、丝杠的装配

参照上述方法，完成中滑板上丝杠与导轨的装配。

2.1.4.5　底层和中层的装配

（1）将四个等高块放在导轨滑块上，如图 2-25 所示，调节导轨滑块的位置。

图 2-25　安装等高块

（2）将中滑板放在等高块上调整滑块的位置，用 M4×70 螺钉将等高块、中滑板固定在导轨滑块上。如图 2-26 所示，用杠杆百分表测量中滑板各处是否等高。如果存在差值，则修整等高块使中滑板各处等高。

（3）如图 2-27 所示，用塞尺测量丝杠螺母支座与中滑板之间的间隙大小。

（4）将 M4×70 螺钉旋松，在丝杠螺母支座与中滑板之间加入与测量间隙厚度相等的调整垫片（调整垫片有 3 种厚度供挑选），将螺钉重新打到预紧状态。

（5）如图 2-28 所示，上下导轨运动垂直度误差测量，用大磁性百分表座固定 90°角尺，角尺的一边与中滑板上丝杠紧贴在一起（角尺面一定与导轨贴牢靠）。百分表触头打在角尺的另一边上，移动中滑板，调整中滑板，使上下导轨的垂直度误差调整到图纸要求。

图 2-26 检测中滑板各处等高

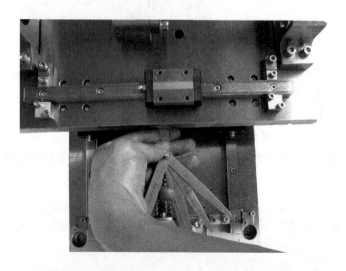

图 2-27 测量丝杠螺母支座与中滑板之间的间隙

图 2-28 检测上下导轨运动垂直度误差

2.1.4.6 上滑板的装配

用上滑板基准将上滑板安装在工作台上，完成整个工作台的安装，如图 2-29 所示。

图 2-29 工作台安装效果图

2.1.4.7 装配完成后对二维工作台的检验

（1）安装完成后，可对二维工作台的垂直度进行检验。将直角尺放在上滑板上，通过杠杆表调整直角尺的位置，使角尺的一个边与工作台的一个运动方向平行，如图 2-30 所示。

图 2-30 二维工作台的垂直度检验 1

（2）然后把杠杆表打在角尺的另一个边上，使二维工作台沿另一个方向运动，观察杠杆表读数的变化，此值即为二维工作台的垂直度，如图 2-31 所示。

至此，完成二维工作台的装配与调整。

图 2-31 二维工作台的垂直度检验 2

2.2 变速箱模块装配技术

2.2.1 课题分析

变速箱结构如图 2-32 所示。

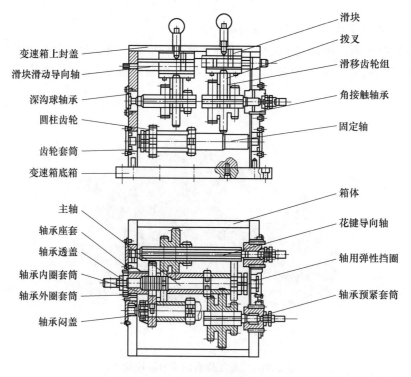

图 2-32 变速箱

工作要求：读懂变速箱的部件装配图，根据技术要求和装配工艺规程对零部件进行安装并对轴承、齿轮进行精度调整，安装完成后检测各轴的回转精度。

课题目的

（1）了解变速箱各零件之间的装配关系，机构的运动原理及功能。

（2）掌握箱体变速箱装配方法。

（3）会使用各种仪器仪表，能对二维工作台进行安装精度的测量，并对测得数据进行分析、判断并进行调整。

（4）注重在操作过程中的安全。

课题重点

（1）能够读懂变速箱部件装配图。

（2）理解图纸中的技术要求，基本零件的结构装配方法，轴承、齿轮精度的调整。

课题难点

（1）正确掌握轴承装配方法和装配步骤。

（2）能够规范合理地写出变速箱的装配工艺过程。

（3）变速器设备空运转试验。

2.2.2 齿轮传动机构的装配调整

齿轮传动是机械中最常用的传动方式之一，它是依靠轮齿间的啮合来传递运动和扭矩的，如图 2-33 所示。

2.2.2.1 齿轮传动机构装配技术要求

（1）齿轮孔与轴的配合要适当。对于固定联接的齿轮，齿轮孔与轴的配合不得有偏心和歪斜现象；对于滑移齿轮，齿轮孔与轴不应有咬死或阻滞现象；对空套在轴上的齿轮不得有晃动现象。

（2）安装后的齿轮不得有偏心或歪斜现象。

（3）两齿轮的中心距和齿侧间隙要正确。中心距与齿侧间隙相互关联，齿侧间隙过小，

图 2-33 齿轮传动机构

齿轮传动不灵活，会使磨损加剧，甚至卡齿；齿侧间隙过大，换向空程大，会产生冲击。

（4）两齿轮啮合位置应正确，接触斑点大小要合适。

（5）齿轮定位要正确。对于变换机构的齿轮应保证齿轮定位正确，其错位量不得超过规定值。

（6）高速旋转的齿轮安装后要做平衡检查，以免工作时产生过大的振动。

2.2.2.2 圆柱齿轮机构的装配

圆柱齿轮装配一般分两步进行：先把齿轮装在轴上，再把齿轮轴部件装入箱体，图 2-34 所示为一齿轮减速箱，装配时，先将齿轮、轴承等零件安装在轴上，然后将轴装入箱体并与电动机连接，安装箱盖后便完成了减速箱的装配。

A 齿轮与轴配合

齿轮在轴上有空转、滑移和固定三种运动方式。空转或滑移齿轮与轴采用间隙配合，装配精度主要取决于零件本身的加工精度，这类齿轮装配较方便，装配时应注意检查轴、

图 2-34 齿轮减速箱

孔尺寸。在轴上固定的齿轮，与轴的配合多为过渡配合，有少量的过盈。如过盈量不大时，用手工工具敲击装入；过盈量较大时可用压力机压装；过盈量很大的齿轮，则需采用液压套合的方法装配。压装齿轮时要尽量避免齿轮偏心、歪斜和端面未紧贴轴肩等安装误差，如图 2-35 所示。

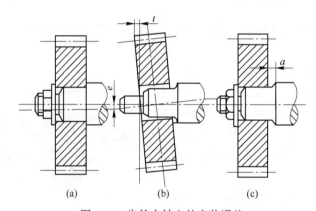

图 2-35 齿轮在轴上的安装误差

(a) 齿轮与轴中心线不重合；(b) 齿轮端面与轴中心线不垂直；(c) 齿轮端面与轴肩没靠严

B 检查齿轮精度

对于精度要求高的齿轮转动，安装前应检查其径向圆跳动和端面圆跳动误差，如图 2-36所示。将齿轮轴架在 V 形铁或两顶尖上，使轴与平板平行，把圆柱规放在齿轮的轮齿间，将百分表的触头抵在圆柱规上并读数，然后转动齿轮，每隔 3~4 齿测量一次。直至齿轮旋转一周，此时百分表的最大读数与最小读数之差就是齿轮分度圆上的径向圆跳动误差，如图 2-36 (a) 所示。检查齿轮端面圆跳动时，将装有齿轮的轴顶在顶尖轴向固定，将百分表的测量头抵在齿轮端面上，转动齿轮轴一周即可测得齿轮的端面圆跳动误差，如图 2-36 (b) 所示。

C 齿轮轴装入箱体

检查箱体孔的中心距和位置精度。

(1) 检验孔距精度和平行度偏差。一对相互啮合的齿轮中心距 (简称孔距) 是影响齿侧间隙的主要因素，应使孔距在规定的公差范围内。检验孔距和平行度偏差可用游标卡尺、专用套和心棒测量，检查方法如图 2-37 所示。

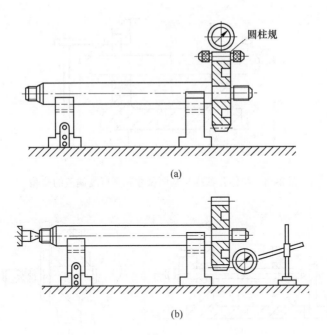

图 2-36 测量齿轮几何精度

（a）测量齿轮径向圆跳动；（b）测量齿轮端面圆跳动

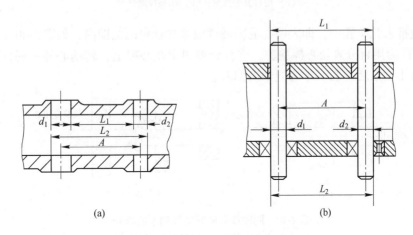

图 2-37 孔距精度及轴线平行度检验

（a）用游标卡尺测量；（b）用芯棒和游标卡尺测量

图 2-38 为箱体孔轴线与基面尺寸和平行度偏差的检验方法，箱体基面用等高垫块支承在平板上，将心棒插入孔中（如果心棒直径与孔直径不相符时，可在孔中装入专用套后再插入心棒）用高度游标卡尺测量。

（2）孔轴线与端面垂直度的检验。如图 2-39（a）所示，将心棒插入装有专用套的孔中，轴的一端用角铁抵住，使轴不能轴向窜动。转动心棒一周，百分表指针摆动的最大读数与最小读数之差就是孔端面与轴线之间的垂直度偏差。也可用图 2-39（b）所示方法，将专用检验棒插入孔中，用塞尺或涂色法检验孔轴线与端面的垂直度偏差。

（3）同轴线孔的同轴度偏差的检验。在成批生产时可用专用检验心棒进行检验，若心

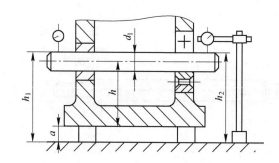

图 2-38 箱体孔轴线与基面尺寸和平行度偏差的检验

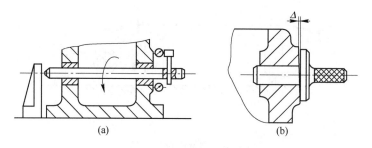

图 2-39 孔轴线与端面的垂直度的检验
（a）用百分表测量；（b）用塞尺测量

棒能自由地推入几个孔中，即表明孔的同轴度偏差在规定的范围内，如图 2-40（a）所示。图 2-40（b）为用百分表及心棒检验，将百分表固定在心棒上，转动心棒一周，百分表最大读数与最小读数之差的一半为同轴度偏差。

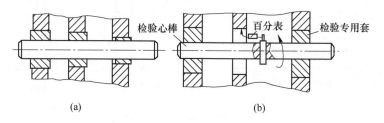

图 2-40 同轴线孔的同轴度偏差的检验
（a）用心棒测量；（b）用百分表测量

D 装配质量的检验与调整

齿轮与轴的部件装入箱体后应保证齿面有一定的接触斑点和正确的接触位置，以保证各个齿轮之间有良好的啮合精度。装配质量的检验包括侧隙的检验和接触面积的检验。

（1）侧隙的检验。齿轮副的侧隙应适当，侧隙过大，则换向时空行程大，易产生冲击和振动；侧隙过小，则热胀时会出现卡齿现象。

1）用压熔丝法检验。在齿宽两端的齿面上，沿齿轮径向方向平行放置两条熔丝（宽齿应放置 3~4 条），熔丝的直径不大于齿轮副规定的最小极限侧隙的 4 倍。使齿轮啮合挤压后，测得熔丝最薄处的厚度，即为该齿轮副的侧隙值，如图 2-41 所示。

2）用百分表检验。如图 2-42 所示，测量时，将一个齿轮固定，在另一个齿轮上装上夹紧杆 1。由于侧隙的存在，装有夹紧杆的齿轮便可摆动一定的角度，在百分表 2 上可得到读数 C，则此时齿侧隙 C_n 可通过数学关系得到：

$$C_n = C \frac{R}{L}$$

式中　C ——百分表的读数差，mm；

　　　R ——装夹紧杆齿轮的分度圆半径，mm；

　　　L ——百分表触头至齿轮回转中心的距离，mm。

　　另外，也可将百分表的触头直接抵在未固定的齿轮齿面上，将可动齿轮从一侧啮合迅速转到另一侧啮合，百分表上的读数差值即为齿轮副的侧隙值。

　　侧隙的大小与齿轮轴的中心距偏差有关，圆柱齿轮传动的中心距一般由加工来保证。齿轮轴采用滑动轴承支承时，可以通过刮削轴瓦的方法调整侧隙的大小。

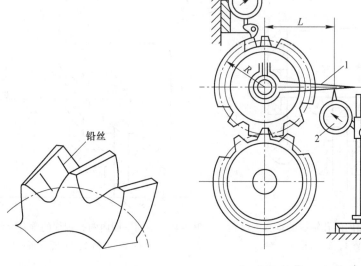

图 2-41　铅丝检查侧隙　　　　图 2-42　用百分表检查侧隙

1—夹紧杆；2—百分表

　　（2）接触面积的检验。齿轮的接触精度的主要指标是齿面的接触斑点，通过斑点大小反映齿轮副的啮合质量，从而判断中心距误差的情况，如图 2-43 所示。齿面接触斑一般用涂色法检验，将红丹粉涂于大齿轮齿面上，转动齿轮并使被动轮轻微制动。对双向工作的齿轮，正反两个方向都应检验。轮齿上接触印痕的分布位置应是自节圆处上下对称分布，对于 9~6 级精度齿轮，其接触斑点沿齿宽方向应不少于 40%~70%，在齿高方向应不

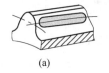 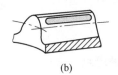 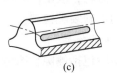 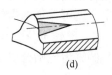

(a)　　　　　　　　(b)　　　　　　　　(c)　　　　　　　　(d)

图 2-43　圆柱齿轮的接触斑点的位置

(a) 正确的；(b) 齿顶接触——中心距太大；(c) 齿根接触——中心距太小；(d) 齿面一侧接触——两齿轮轴线歪斜

少于 30% ~ 50%。

对于中心距偏差过大或两齿轮轴线歪斜的可通过调整轴承座或刮削轴瓦进行修正。

2.2.2.3 圆锥齿轮机构的装配

装配圆锥齿轮传动机构的顺序和圆柱齿轮机构的装配顺序相似。

A 箱体检验

圆锥齿轮一般是传递互相垂直的两条轴之间的运动，装配之前需检验两安装孔轴线的垂直度和相交程度。

图 2-44 所示为在同一平面内两孔轴线的垂直度检验方法。百分表装在检验心棒 1 上，为防止心棒轴向窜动，心棒上应有定位套。旋转心棒 1，在 180°的两个位置上百分表的读数差值就是两个孔在 L 长度内的垂直度误差值。

图 2-45 所示为不同平面内两孔轴线的垂直度的检验方法。箱体用千斤顶 3 支承在平板上，用直角尺 4 将心棒 2 调至垂直位置。测量心棒 1 对平板的平行度偏差，即为两孔轴线垂直度偏差。

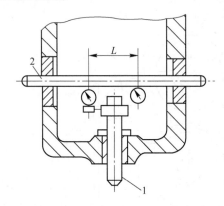

图 2-44 同一平面内两孔轴线的垂直度检验
1—心棒 1；2—心棒 2

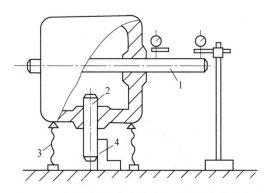

图 2-45 不同平面内两孔轴线的垂直度的检验方法
1—心棒 1；2—心棒 2；3—千斤顶；4—直角尺

B 两圆锥齿轮轴向位置的确定

一对标准的圆锥齿轮传动时，必须使两齿轮分度相切，两锥顶重合，如图 2-46 所示。装配时应根据此要求来确定小齿轮的轴向位置，即小齿轮轴向位置根据小齿轮基准面至大齿轮轴的距离来确定，如图 2-47 所示。如果此时大齿轮尚未装好，可用工艺轴代替，然后按侧隙要求决定大齿轮的轴向位置。有些用背锥面作基准的圆锥齿轮，装配时将背锥面对齐对平，就可保证两齿轮的正确装配位置。

C 圆锥齿轮啮合质量的检验

圆锥齿轮啮合质量检验包括侧隙检查和接触斑点

图 2-46 圆锥齿轮啮合

的检验。侧隙检测方法与圆柱齿轮侧隙检测方法基本相同。接触斑点通常用涂色法进行。在无载荷时，接触斑点应靠近轮齿小端，以保证工作时轮齿在全宽上能均匀地接触。满载时，接触斑点在齿高和齿宽方向应不少于 40% ~ 60%，其大小依据齿轮精度而定。

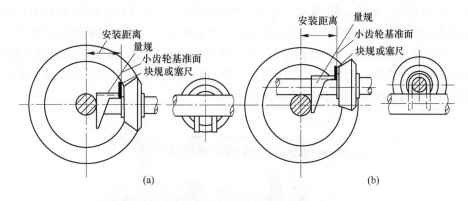

图 2-47 小圆锥齿轮轴向定位

（a）正交圆锥齿轮；（b）偏置圆锥齿轮

2.2.3 制定机械装配步骤

2.2.3.1 工作准备

（1）检查文件和零件的完备情况。

（2）熟悉图纸和零件清单、装配任务，确定装配工艺。

（3）选择合适的工具、量具。

（4）用清洁布等清洗零件。

2.2.3.2 机械装配与调整

（1）变速箱底板和变速箱箱体连接，如图 2-48 所示。

（2）安装固定轴。如图 2-49 所示，把深沟球轴承压装到固定轴一端，安装两齿轮和齿轮中间齿轮套筒后，装紧两个圆螺母，挤压深沟球轴承的内圈把轴承安装在轴上，最后打上两端的闷盖。

图 2-48 变速箱底板和变速箱箱体

安装固定轴注意：安装过程中需将一端装轴承的端盖固定，从另一端将另一轴承压入，再将端盖打上。固定轴的两个端盖厚度易与变速箱其他端盖混淆，需要注意。

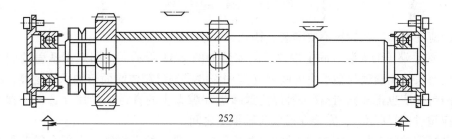

252

图 2-49 安装固定轴

（3）主轴安装。如图 2-50 所示，将两个角接触轴承（按背靠背的装配方法）安装在轴上，中间加轴承内、外圈隔套。安装轴承座套和轴承透盖。将轴端挡圈固定在轴上，按顺序安装四个齿轮和齿轮中间的齿轮套筒后，装紧两个圆螺母，轴承座套固定在箱体上，挤压深沟球轴承的内圈，把轴承安装在轴上，装上轴承闷盖，套上轴承内圈预紧套筒，最后通过调整圆螺母来调整两角接触轴承的预紧力。

图 2-50　安装主轴

安装注意：1）轴上零件必须在箱体内装配；2）零件装配的顺序要明确；3）在装卡簧时闷盖应先固定。

（4）花键导向轴的安装。如图 2-51 所示，把两个角接触轴承（按背靠背的装配方法）安装在轴上，中间加轴承内、外圈套筒。安装轴承座套和轴承透盖。然后安装滑移齿轮组，轴承座套固定在箱体上，挤压轴承的内圈把深沟球轴承安装在轴上，装上轴用弹性挡圈和轴承闷盖。套上轴承内圈预紧套筒，最后通过调整圆螺母来调整两角接触轴承的预紧力。

图 2-51　安装花键导向轴

装配应注意：三联齿轮不要漏装、错装。

（5）轴承端盖的安装。固定端透盖的安装如图 2-52 所示，把固定端透盖的四颗螺钉预紧，用塞尺检测透盖与轴承室的间隙（选用深度尺测量箱体端面与轴承间距离，在测量法兰盘凸台高度也正确），选择一种厚度最接近间隙大小的青稞纸垫片（选择青稞纸垫厚度，不应超过塞尺厚度），安装在透盖与轴承室之间。

游动端闷盖的安装如图 2-53 所示，选择 0.3mm 厚度的青稞纸，安装在闷盖与变速箱侧板之间。螺纹对称装配，对称拆卸，螺纹最后拧紧应用内六角扳手小端。

图 2-52 安装固定端透盖

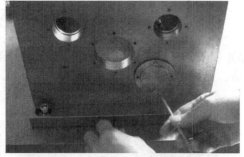

图 2-53 安装游动端闷盖

装配应注意：所垫青稞纸的厚度需尽量接近塞尺厚度，略小于但不大于。

（6）滑块拨叉的安装。如图 2-54 所示，把拨叉安装在滑块上，安装滑块滑动导向轴，装上 $\phi 8$ 的钢球，放上弹簧，盖上弹簧顶盖，装上滑块拨杆和胶木球。

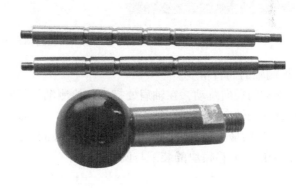

图 2-54 安装滑块拨叉

装配应注意：拨叉有高有低，需区分。两根横杆换挡槽数不同要区分，换挡后三联齿轮啮合错位差可通过横杆的水平位移来调节。

（7）齿轮啮合面宽度差的调整。

1）齿轮与齿轮之间有明显的错位，用塞尺等工具检测错位值。

2）如图 2-55 所示，通过紧挡圈、松圆螺母和松挡圈、紧圆螺母的方法进行两啮合齿轮啮合面宽度差调整。

图 2-55　齿轮啮合面宽度差的调整方法 1

3）如图 2-56 所示，通过调整滑块滑动导向轴的左右位置进行两啮合齿轮啮合面宽度差调整。

图 2-56　齿轮啮合面宽度差的调整方法 2

（8）检测轴的回转精度。

1）检查轴的径向跳动，在轴肩处打表，检测轴的径向跳动。

2）检查轴的轴向窜动，在轴端面中心孔中黏一个 $\phi8$ 的钢珠，百分表触及钢珠，旋转轴，记录百分表的最大值和最小值的差值，就是轴的轴向窜动误差。

至此，完成变速箱模块的装配与调整。

2.3　分度转盘模块装配技术

2.3.1　课题分析

分度转盘结构如图 2-57 所示。

结构与组成，由小锥齿轮轴、锥齿轮、圆柱齿轮、轴承座、轴承透盖、轴承内圈套筒、轴承外圈套筒、轴套、齿轮增速轴、槽轮轴、料盘、推力球轴承限位块、法兰盘、蜗

图 2-57 分度转盘

轮轴端用螺母、蜗杆、蜗轮、蜗轮轴、蜗轮轴用轴承座、立板、底板、小锥齿轮用底板、间歇回转工作台用底板、锁止弧、四槽槽轮、拔销、角接触轴承（7000AC、7002AC、7203AC）、深沟球轴承（6002-2RZ）、推力球轴承（51120）、圆锥滚子轴承（30203）、轴用弹性挡圈等组成。

工作要求：读懂分度转盘的部件装配图，根据技术要求和装配工艺规程对零部件进行安装并对蜗轮蜗杆进行精度调整，安装完成后进行检验。

课题目的

（1）了解槽轮机构的工作原理及用途。

（2）了解蜗轮蜗杆、锥齿轮、圆柱齿轮传动的特点。

（3）蜗轮蜗杆的装配，调整蜗轮蜗杆中心重合，及蜗轮蜗杆的齿侧间隙。

（4）注重在操作过程中的安全。

课题重点

（1）能够读懂分度转盘部件装配图。

（2）理解图纸中的技术要求，基本零件的结构装配方法，轴承、蜗轮蜗杆精度的调整。

课题难点

（1）蜗轮蜗杆的装配。调整蜗轮蜗杆中心重合，及蜗轮蜗杆的齿侧间隙。

（2）能够规范合理地写出分度转盘部件的装配工艺过程。

（3）规范完成分度转盘模块的装配。

2.3.2 蜗杆传动机构的装配调整

蜗杆传动机构是以蜗杆为主动件，蜗轮为从动件用来传递互相垂直的两轴之间的运动。一般情况下，蜗杆轴心线与蜗轮轴心线在空间交错的轴间交角为90°，如图 2-58 所示。蜗杆传动机构具有降速比大、结构紧凑、自锁性好、传动平稳、噪声小等优点，但其传动效率低，发热量大，需要良好的润滑。

2.3.2.1 蜗杆传动机构装配要求

（1）蜗杆轴心线应与蜗轮轴心线垂直，且蜗杆轴心线应在蜗轮轮齿的对称中心平面重合。

（2）蜗轮与蜗杆间的中心距要正确，以保证有适当的啮合侧隙和正确的接触斑点。

（3）蜗杆传动机构工作时应转动灵活，蜗轮在任意位置时旋转蜗杆手感应相同，无卡滞现象。

2.3.2.2 蜗杆传动机构的装配方法

蜗杆传动机构装配基本步骤是先对蜗轮蜗杆箱体孔的中心距和轴线之间的垂直度进行检测，然后再进行装配。一般先装蜗轮，后装蜗杆。装配后应进行检验和调整。

图 2-58 蜗杆传动机构

A 检测蜗杆箱体孔中心距

如图 2-59 所示，把箱体用 3 只千斤顶支承在平板上，检验心棒 1 和心棒 2 分别插入箱体的蜗杆轴和蜗轮轴的孔中。调整千斤顶使任一心棒与平板平面平行，然后再分别测量两个心棒与平板平面的距离，即可计算出其中心距 A。

$$A = \left(H_1 - \frac{d_1}{2} \right) - \left(H_2 - \frac{d_2}{2} \right)$$

式中　　H_1——棒 1 至平板距离，mm；

　　　　H_2——棒 2 至平板距离，mm；

d_1，d_2——棒 1、棒 2 直径，mm。

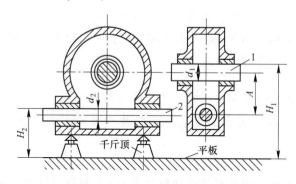

图 2-59 蜗杆轴孔与蜗轮轴孔中心距的测量

1—心棒 1；2—心棒 2

应该指出的是，当一个心棒与平板平面平行时，另一个心棒不一定平行于平板平面，这时应测量心轴的两端到平板平面的距离，取其平均值作为该心轴到平板平面的距离。

B 检测箱体孔轴心线之间的垂直度

可按图 2-60 所示方法测量。先将心棒 1 和心棒 2 分别插入箱体上蜗轮和蜗杆孔内。在心棒 1 的一端套上百分表支架 3，并用螺钉 4 固定，百分表触头抵住心棒 2。旋转心棒 1，百分表在心棒 2 上 L 长范围内的读数差，即为两轴线在 L 长度内的垂直度偏差值。

C 安装蜗轮蜗杆

通常先装蜗轮，后装蜗杆。安装步骤如下。

（1）组合式蜗轮应先将齿圈压装在轮毂上，方法与过盈配合装配相同，并用螺钉加以紧固。

（2）将蜗轮装在轴上，其安装及检验方法与圆柱齿轮相同。

（3）把蜗轮轴装入箱体，然后再装入蜗杆。因为蜗杆轴的位置已由箱体孔决定，要使蜗杆轴线位于蜗轮轮齿的对称中心面内，可以通过改变调整垫片厚度调整蜗轮的轴向位置。

D　蜗杆啮合质量的检验

（1）蜗轮的轴向位置及接触斑点的检验。用涂色法检验。将红丹粉涂在蜗杆的螺旋面上后转动，可在蜗轮轮齿上获得接触斑点，如图 2-61 所示。图 2-61（a）为正确接触，其接触斑点应在蜗轮中部稍偏于蜗杆旋出方向。图 2-61（b）和（c）表示蜗轮轴向位置不对，应配磨垫片来调整蜗轮的轴向位置。接触斑点的长度，轻载时为齿宽的 25% ~ 50%，满载时为齿宽的 90% 左右。

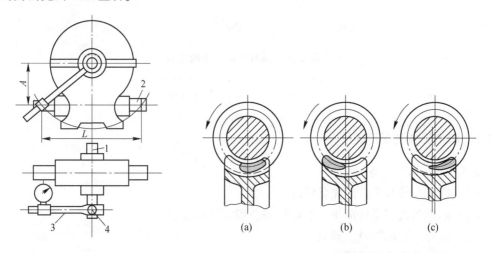

图 2-60　箱体孔轴心线之间的垂直度的测量
1—心棒 1；2—心棒 2；3—支架；4—螺钉

图 2-61　用涂色法检验蜗轮齿面接触斑点
（a）正确；（b）蜗轮偏右；（c）蜗轮偏左

（2）齿侧间隙的检验。由于蜗杆传动机构的限制，齿侧间隙用压熔丝或塞尺测量非常困难，因此，除了不重要的蜗杆机构可以用手感测量外，一般都采用百分表测量，如图 2-62所示。图 2-62（a）所示在蜗杆轴上固定一带量角器的刻度盘 2，百分表测量头顶在蜗轮齿面上。用手转动蜗杆，在百分表指针不动的条件下，固定指针 1 所对应的分度盘读数的最大差值，即为蜗杆空程角。可用下式计算出侧隙：

$$C_n = z_1 m\pi \frac{\alpha}{360°}$$

式中　C_n——蜗轮蜗杆副的法向侧隙，mm；

　　　z_1——蜗杆头数；

　　　m——模数，mm；

　　　α——空程转角，（°）。

如用百分表直接与蜗轮齿面接触有困难时，可在蜗轮轴上装一测量杆 3，如图 2-62（b）所示。

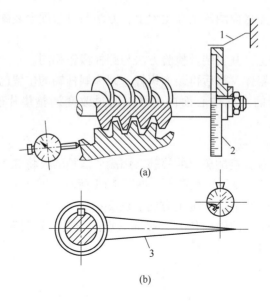

图 2-62　蜗杆传动侧隙的检验
（a）直接测量；（b）用测量杆测量
1—指针；2—刻度盘；3—测量杆

2.3.3　制定机械装配步骤

2.3.3.1　工作准备

（1）检查文件和零件的完备情况。

（2）熟悉图纸和零件清单、装配任务，确定装配工艺。

（3）选择合适的工具、量具。

（4）用清洁布等清洗零件。

2.3.3.2　机械装配与调整

A　两路输出模块的安装

如图 2-63 所示，把两个角接触轴承（按面对面的装配方法）安装在装有小锥齿轮、轴套和轴承座的轴上，轴承中间加轴承内、外圈套筒。装上轴用弹性挡圈、两轴承透盖、链轮和齿轮，最后固定在小锥齿轮底板上。

B　增速机构的安装

如图 2-64 所示，把装有两个深沟球轴承（轴承中间加轴承内、外圈套筒）的增速轴安装在轴承座上，装上轴承透盖和轴两端齿轮。

C　蜗轮蜗杆的安装

把两个角接触轴承（按面对面的装配方法）安装在装有轴承透盖的蜗杆上，将其安装在两轴承座上，装上两轴承透盖、轴端挡圈及蜗轮蜗杆用螺母。把装有圆锥滚子轴承的内圈和蜗轮的蜗轮轴安装在已安装圆锥滚子轴承外圈的蜗轮轴用轴承座上，装紧轴承透盖。完成后将蜗杆两轴承座和蜗轮轴承座装在间歇回转工作台用底板上，需调整蜗杆和蜗轮的中心。

图 2-63 安装两路输出模块   图 2-64 安装增速机构

D 蜗轮蜗杆中心重合的调整

（1）测量并计算蜗杆轴中心的高度，如图 2-65 所示。

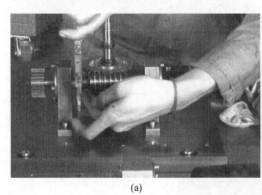

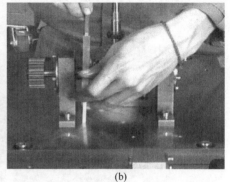

(a)   (b)

图 2-65 测量蜗杆轴

(a) 步骤 1；(b) 步骤 2

（2）测量并计算蜗轮中心的高度，如图 2-66 所示。

用深度尺测量时，测力较大，而蜗轮处于自由状态，测量数据不准确，用表测量测力小于深度尺，但也有误差，最好方法是固定蜗轮，用表测量

测量此部件，蜗轮蜗杆啮合中心面最准

(a)   (b)

图 2-66 测量蜗轮

(a) 步骤 1；(b) 步骤 2

（3）选择铜垫片的厚度，保证蜗轮蜗杆中心重合，如图 2-67 所示。

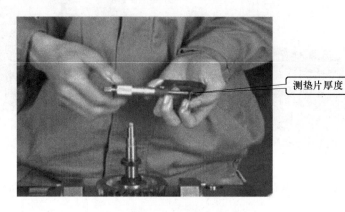

图 2-67　测量垫片厚度

（4）蜗轮蜗杆齿侧间隙的调整，如图 2-68 所示。

图 2-68　蜗轮蜗杆齿侧间隙的调整

（5）槽轮机构及工作台的安装。

如图 2-69 所示，将锁止弧装配在蜗轮轴上，把立架装在间歇回转工作台用底板上。将装好轴承的槽轮轴安装在底板上，同时把蜗轮轴上用轴承也安装在底板上，装紧轴承透盖。装好推力球轴承限位块，分别把槽轮和法兰盘安装在槽轮轴的两端，把整个底板固定在立架上，注意槽轮与锁止弧的位置，最后装上推力球轴承和料盘。

至此，完成分度转盘模块的装配与调整。

图 2-69　槽轮机构及工作台的安装效果示意图

3 PLC 编程方法、思路与技巧

3.1 PLC 控制星—三角降压启动

3.1.1 课题分析

PLC 控制电动机丫—△降压启动的继电—接触器线路如图 3-1 所示。其基本控制功能如下：

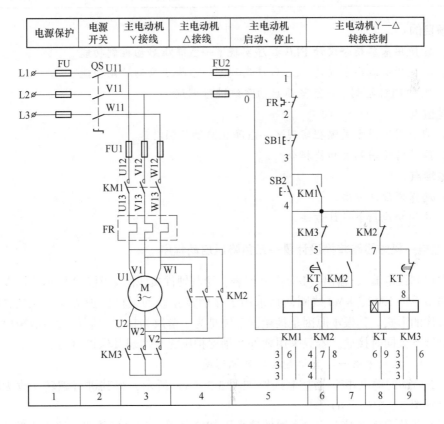

图 3-1 丫—△降压启动控制线路

按下启动按钮 SB2 时，使 KM1 接触器线圈得电，KM1 主触点闭合使电动机 M 得电，同时 KM3 接触器线圈得电，KM3 主触点闭合使电动机接成星形启动，时间继电器 KT 接通开始定时。当松开启动按钮 SB2 后，由于 KM1 常开触点闭合自锁，使电动机 M 继续星形启动。当定时器定时时间到，则 KT 常闭触点断开，使 KM3 线圈失电，主触点断开星形连接，同时 KT 常开触点闭合，使 KM2 接触器线圈得电，KM2 主触点闭合使电动机接成三角形运行。按下停止按钮 SB1 时，其常闭触点断开，使接触器 KM1、KM2 线圈失电，其主触点断开使电动机 M 失电停止。

当电路发生过载时，热继电器 FR 常闭断开，切断整个电路的通路，使接触器 KM1、KM2、KM3 线圈失电，其主触点断开使电动机 M 失电停止。现采用 PLC 进行控制，试编写控制程序，实现丫—△降压启动控制功能。

设定输入/输出（I/O）分配表，见表 3-1。

表 3-1　丫—△启动控制线路的 I/O 分配表

输　入		输　出	
输入设备	输入编号	输出设备	输出编号
停止按钮 SB1	X000	接触器 KM1	Y000
启动按钮 SB2	X001	接触器 KM2	Y001
热继电器常闭触点 FR	X002	接触器 KM3	Y002

课题目的

（1）能使用基本指令设计 PLC 程序实现丫—△降压启动控制功能。

（2）能使用功能指令设计 PLC 程序实现丫—△降压启动控制功能。

（3）能对 PLC 控制丫—△降压启动系统进行调试。

课题重点

（1）能采用不同方式编程实现丫—△降压启动控制功能。

（2）能熟练使用相关功能指令。

课题难点

（1）起保停设计方法。

（2）应用功能指令设计方法。

3.1.2　继电—接触线路转换设计星—三角降压启动程序

根据控制设定输入/输出（I/O）分配表，绘制硬件接线图如图 3-2 所示。注意图中在 PLC 的输出端的 KM2、KM3 线圈回路采用了接触器互锁的硬件保护形式，这是软件保护所不能替代的形式。其根本原因是接触器互锁是为了解决当接触器硬件发生故障时，保证两个接触器不会同时接通。若只采用软件互锁保护则无法实现其保护目的。

3.1.2.1　控制方法一：直接翻转得到梯形图

丫—△启动的继电-接触器控制线路如图 3-3（a）所示，将其进行翻转，改为横放形式，可得到图 3-3 中的（b）图。

根据 I/O 分配表将对应的输入器件编号用 PLC 的输入继电器替代，输出驱动元件编号用 PLC 的输出继电器替代即可得到图 3-4（a）所示转换后的梯形图。其对应的指令语句表如图 3-4（b）所示。

这种方法将用到进出栈指令。

注意：由于热继电器的保护触点采用常闭触点输入，因此程序中的 X2（FR 常闭）采用常开触点。由于 FR 为常闭，当 PLC 通电后 X002 得电，其常开触点闭合为电路启动做好准备。

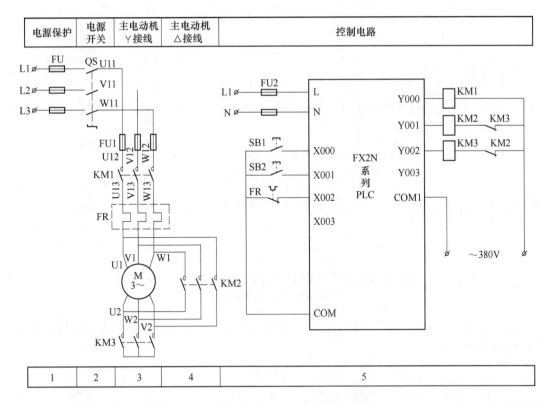

图 3-2　PLC 控制丫—△启动硬件接线图

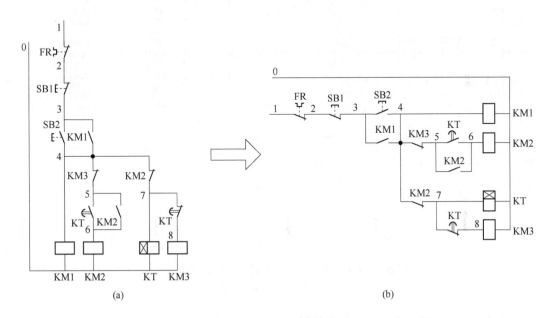

图 3-3　丫—△启动控制电路

3.1.2.2　控制方法二：采用主控方式控制电动机丫—△启动

此时可对热保护 X002 常开触点与控制停止按钮 X000 常闭采用主控指令，形成新的临

图 3-4（b）指令语句表：

步	指令	操作数	K值
0	LD	X002	
1	ANI	X000	
2	LD	X001	
3	OR	Y000	
4	ANB		
5	OUT	Y000	
6	MPS		
7	ANI	Y002	
8	LD	T0	
9	OR	Y001	
10	ANB		
11	OUT	Y001	
12	MPP		
13	ANI		
14	OUT	Y001	
17	ANI	T0	K30
18	OUT	T0	
19	END	Y002	

图 3-4 PLC 控制电动机 Y—△ 启动的控制程序（一）

（a）梯形图；（b）指令语句表

时母线，如图 3-5 所示。对于主控节点之后的临时母线，可采用 LD 指令进行连接，避免进出栈指令的使用。

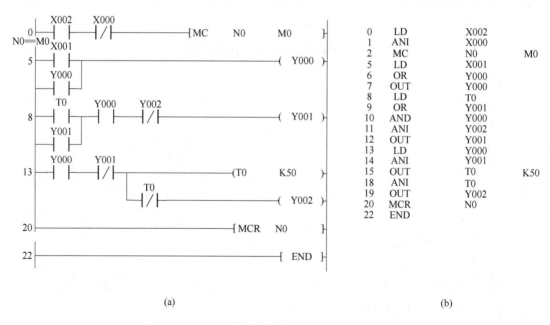

图 3-5（b）指令语句表：

步	指令	操作数	K值
0	LD	X002	
1	ANI	X000	
2	MC	N0	M0
5	LD	X001	
6	OR	Y000	
7	OUT	Y000	
8	LD	T0	
9	OR	Y001	
10	AND	Y000	
11	ANI	Y002	
12	OUT	Y001	
13	LD	Y000	
14	ANI	Y001	
15	OUT	T0	K50
18	ANI	T0	
19	OUT	Y002	
20	MCR	N0	
22	END		

图 3-5 PLC 控制电动机 Y—△ 启动的控制程序（二）

（a）梯形图；（b）指令语句表

3.1.2.3 控制方法三：优化翻转梯形图

将热保护 X002 常开触点与控制停止按钮 X000 常闭分别串联到 Y000、Y001、Y002 控制回路进行控制，如图 3-6 所示。这种方法可回避进出栈或主控形式，但线路较为烦琐。

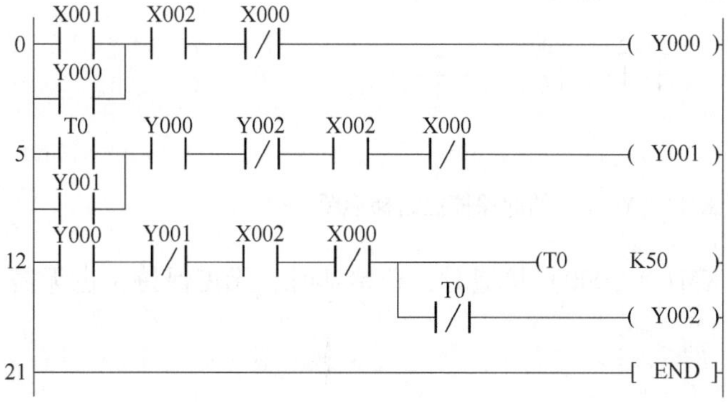

0	LD	X001	
1	OR	Y000	
2	AND	X002	
3	ANI	X000	
4	OUT	Y000	
5	LD	T0	
6	OR	Y001	
7	AND	Y000	
8	ANI	Y002	
9	AND	X002	
10	ANI	X000	
11	OUT	Y001	
12	LD	Y000	
13	ANI	Y001	
14	AND	X002	
15	ANI	X000	
16	OUI	T0	K50
19	ANI	T0	
20	OUT	Y002	
21	END		

图 3-6 PLC 控制电动机Y—△启动的控制程序（三）

3.1.3 起保停方式设计星—三角降压启动程序

以上介绍的Y—△降压启动的常用的控制梯形图形式，其基本核心思路还是在继电—接触控制电路的基础上采用不同的指令形式，或调整控制线路的结构得出的。若分析其控制的基本过程，可知其实质的输入输出关系为：按下启动按钮 SB2 时，则 KM1、KM3 接触器线圈得电，使电动机接成星形启动，时间继电器 KT 接通开始定时。当定时器定时时间到，改为 KM1、KM2 接触器线圈得电，使电动机接成三角形运行。按下停止按钮 SB1 时或热继电器 FR 常闭断开时，使接触器 KM1、KM2、KM3 线圈失电，其主触点断开使电动机 M 失电停止。

针对三个输出可分别进行分析，首先，接触器 KM1（Y000）其启动条件为按下启动按钮 SB2（X001），其停止条件为按下停止按钮 SB1（X000）或热继电器 FR 常闭断开（X002），期间需要保持。画出梯形图如图 3-7 所示。

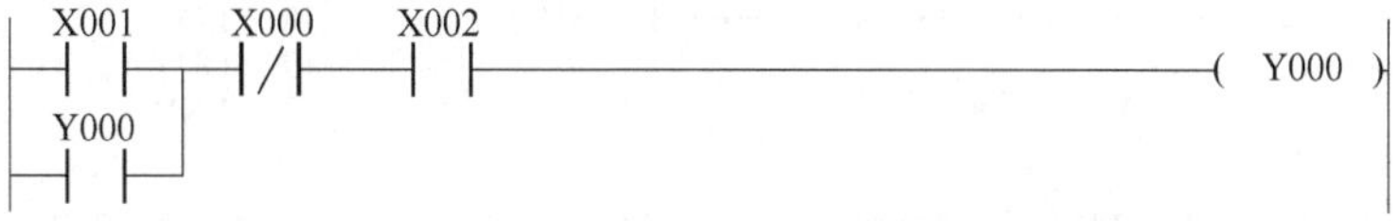

图 3-7 接触器 KM1（Y000）的起保停控制梯形图

接触器 KM2（Y001）其启动条件为延时 T0 时间到，其停止条件为按下停止按钮 SB1（X000），或热继电器 FR 常闭断开（X002），同时应考虑 Y001 的互锁，期间需要保持。画出梯形图如图 3-8 所示。

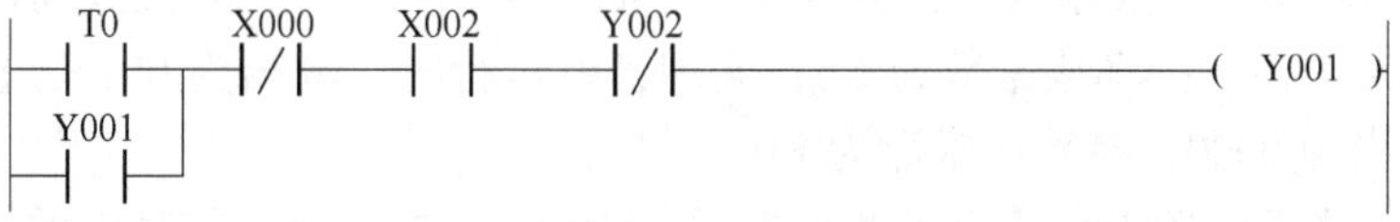

图 3-8 接触器 KM2（Y001）的起保停控制梯形图

接触器 KM3（Y002）其启动条件为按下启动按钮 SB2（X001），其停止条件为延时
T0 时间到，或按下停止按钮 SB1（X000），或热继电器 FR 常闭断开（X002），同时应考
虑 Y001 的互锁，期间需要保持。画出梯形图如图 3-9 所示。

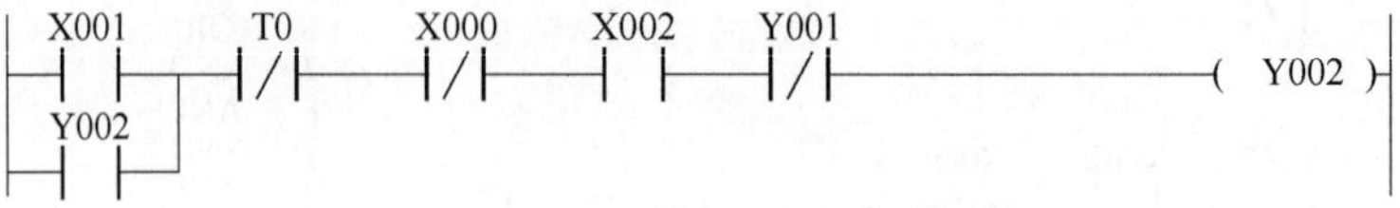

图 3-9 接触器 KM3（Y002）的起保停控制梯形图

定时器 T0 的启动条件为接触器 KM1（Y000）接通时，开始延时，无需保持，也无需
停止，画出梯形图如图 3-10 所示。

图 3-10 接触器 KM1（Y000）的起保停控制梯形图

将图中输出的梯形图整合到一起，其整个的控制梯形图如图 3-11 所示。

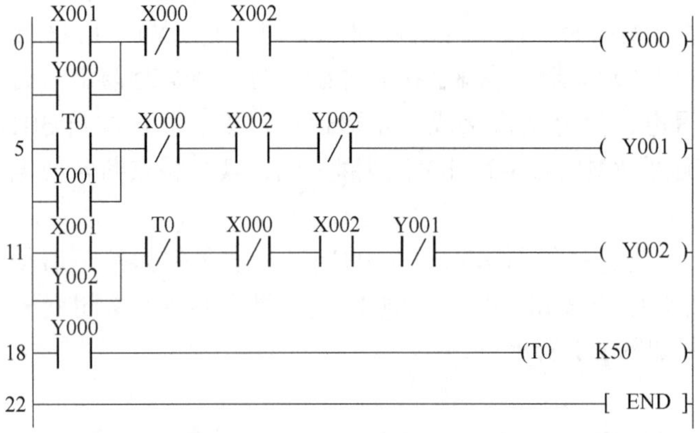

0	LD	X001	
1	OR	Y000	
2	ANI	X000	
3	AND	X002	
4	OUT	Y000	
5	LD	T0	
6	OR	Y001	
7	ANI	X000	
8	AND	X002	
9	ANI	Y002	
10	OUT	Y001	
11	LD	X001	
12	OR	Y002	
13	ANI	T0	
14	ANI	X000	
15	AND	X002	
16	ANI	Y001	
17	OUT	Y002	
18	LD	Y000	
19	OUT	T0	K50
22	END		

图 3-11 采用起保停控制方式 PLC 控制电动机丫—△启动的控制程序

3.1.4 传送数据方式设计星—三角降压启动程序

与 PLC 控制正反转电路相类似，PLC 控制丫—△线路也可采用传送指令的编程方式。
控制时的输入与输出信号关系列表，见表 3-2。从表 3-2 中可知，如考虑数值关系，则丫型
启动时，输出为 0101，换算成常数为 K5；同理，△运行时，输出为 0011，换算成常数为
K3；停止时输出为 0000，换算成常数为 K0。

按此关系，采用传送指令实现的控制梯形图如图 3-12 所示，其对应的指令语句表如
图 3-13 所示。

表 3-2　输入与输出的对应关系及数据

输　　出				输出转换成对应数据	对应功能
Y003	Y002	Y001	Y000		
0	1	0	1	K5	Y型启动
0	0	1	1	K3	△运行
0	0	0	0	K0	停止

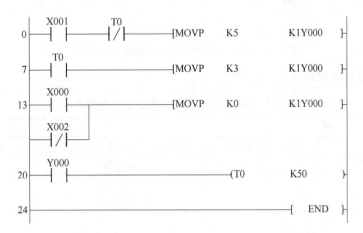

图 3-12　采用传送指令实现的 PLC 控制Y—△启动梯形图

0	LD	X001	
1	ANI	T0	
2	MOVP	K5	K1Y000
7	LD	T0	
8	MOVP	K3	K1Y000
13	LD	X000	
14	ORI	X002	
15	MOVP	K0	K1Y000
20	LD	Y000	
21	OUT	T0	K50
24	END		

图 3-13　采用传送指令实现的 PLC 控制Y—△启动梯形图对应的指令表

3.2　PLC 控制彩灯循环

3.2.1　课题分析

PLC 控制彩灯闪烁电路系统示意图，如图 3-14 所示。其控制要求如下。

（1）彩灯电路受一启动开关 S07 控制，当 S07 接通时，彩灯系统 LD1~LD3 开始顺序工作。当 S07 断开时，彩灯全熄灭。

（2）彩灯工作循环：LD1 彩灯亮，延时 8s 后，闪烁三次（每一周期为亮 0.5s 熄

0.5s），LD2 彩灯亮，延时 2s 后，LD3 彩灯亮；LD2 彩灯继续亮，延时 2s 后熄灭；LD3 彩灯延时 10s 后，进入再循环。

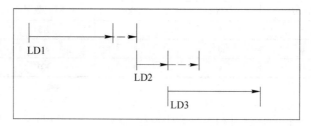

图 3-14   PLC 控制彩灯闪烁电路系统示意图

设定 I/O 分配表见表 3-3。

表 3-3   PLC 控制彩灯闪烁系统 I/O 分配表

输 入		输 出	
输入设备	输入编号	输出设备	输出编号
启动开关 S07	X000	彩灯 LD1	Y000
		彩灯 LD2	Y001
		彩灯 LD3	Y002

课题目的

（1）能处理闪烁电路的问题。

（2）能使用起保停设计法设计控制程序。

（3）能使用时序控制方式设计 PLC 控制程序。

（4）能对 PLC 控制彩灯循环程序进行调试。

课题重点

（1）时序控制方式设计 PLC 控制彩灯循环。

（2）采用时间基准比较的时序法编制彩灯闪烁程序。

课题难点

（1）时序控制方式设计 PLC 控制彩灯循环。

（2）采用时间基准比较的时序法编制彩灯闪烁程序。

3.2.2   闪烁电路的处理问题

根据以上控制要求绘制出彩灯闪烁控制电路的时序图如图 3-15 所示。由时序图可知程序的控制麻烦主要在彩灯 LD1 的闪烁问题。而处理彩灯 LD1 的闪烁可考虑采用标准的振荡电路形式。

3.2.2.1   标准的振荡电路

标准的振荡电路通常如图 3-16 所示，该梯形图中采用了两个定时器 T1 和 T2，当启动 PLC 后，定时器 T1 线圈得电，开始延时 0.5s，时间到后，T1 常开触点接通 T2 定时器线圈得电，定时器 T2 开始延时 0.5s，0.5s 时间到，则定时器 T2 常闭触点断开，使得定时器 T1 线圈失电，定时器 T1 常开触点断开，由于 T1 常开触点断开使得定时器 T2 线圈失电，则常闭触点重新闭合，振荡电路的定时器 T1 重新开始延时。

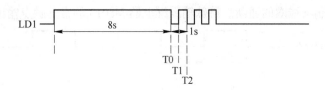

图 3-15 PLC 控制彩灯闪烁电路的时序图

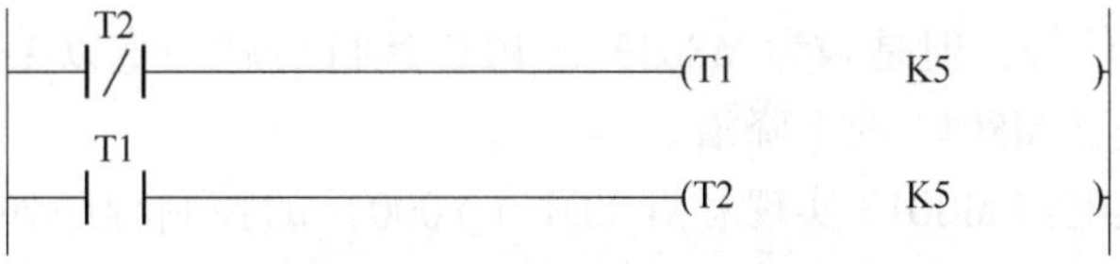

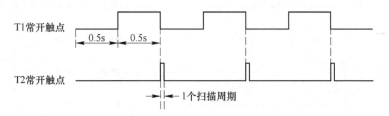

图 3-16 标准的振荡电路

定时器 T1 与 T2 的常开触点动作情况如图 3-17 所示。可见定时器 T1 的常开触点先断开 0.5s，再接通 0.5s，形成标准的 1s 为周期的振荡信号。而定时器 T2 的常开触点仅在 T1 断开的时刻接通一个扫描周期。

T1常开触点
0.5s 0.5s
T2常开触点
1个扫描周期

图 3-17 定时器 T1 与 T2 的常开触点动作情况

彩灯 LD1（Y000）的控制程序如图 3-18 所示。由于 LD1（Y000）要求先输出 8s 然后振荡输出，因此可采用接通启动开关 X000 后采用定时器 T0 延时 8s，同时激活振荡电路，然后采用 T0 常闭与 T1 常开并联后输出 Y000，由于一开始 T0 常闭接通，因此 T1 通断与否不影响 Y000 的输出，当 8s 到达后，T0 常闭断开，则 Y000 的输出随 T1 通断而闪烁。

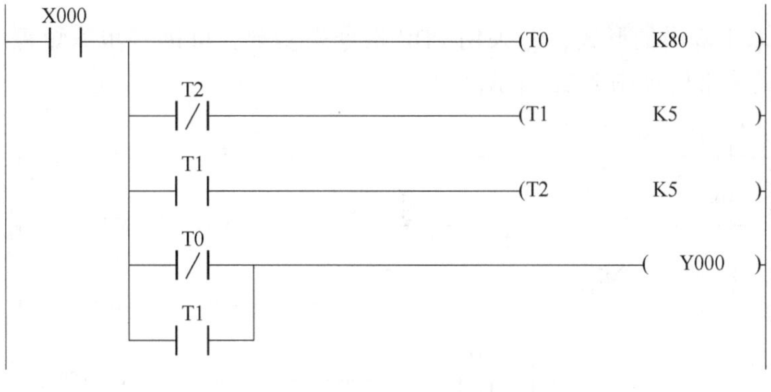

图 3-18 彩灯 LD1（Y000）的控制程序

3.2.2.2 采用特殊辅助继电器 M8013 实现彩灯闪烁

三菱 FX2 系列 PLC 提供了一个振荡周期为 1s 的特殊辅助继电器 M8013，编程时只能利用其触点，不能控制其线圈的通断。特殊辅助继电器 M8013 的常开触点输出如图 3-19 所示。

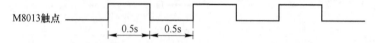

图 3-19 特殊辅助继电器 M8013 的触点输出

由于彩灯 LD1 是以 1s 为周期闪烁的，因此可以考虑采用 M8013 直接作为 LD1（Y000）闪烁的控制信号，但是因为 M8013 是 PLC 运行后就一直以 1s 为周期振荡，所以必须保证启动时刻处于 M8013 的下降沿。

采用特殊辅助继电器 M8013 实现彩灯 LD1（Y000）的控制程序如图 3-20 所示。采用 PLF 指令取出 M8013 的下降沿，当启动 X000 与 M8013 的下降沿 M0 同时接通时，通过置位 M2 来保证启动时刻处于 M8013 的下降沿。采用取出启动开关 X000 的下降沿来复位。由于 M8013 为 1s 振荡信号，因此不必再使用定时器构成振荡电路。只需用 M8013 的触点替代图 3-18 中 T1 的触点即可。

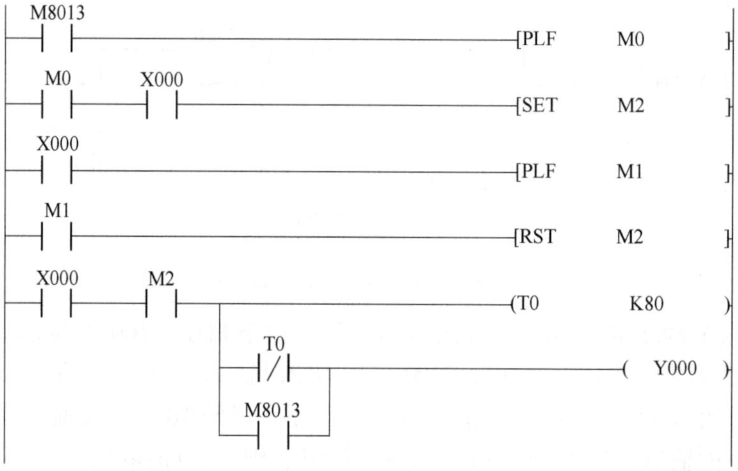

图 3-20 采用特殊辅助继电器 M8013 实现彩灯 LD1（Y000）控制程序一

采用 PLF 取下降沿的形式，若采用 LDF 指令来实现，可进一步缩短程序。采用 LDF 指令实现方式的梯形图如图 3-21 所示。

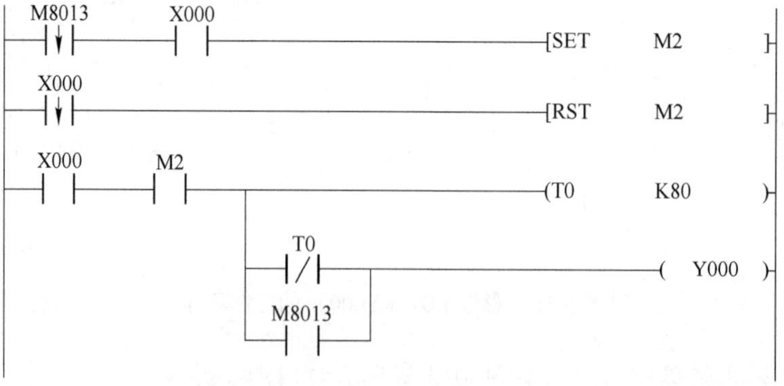

图 3-21 采用特殊辅助继电器 M8013 实现彩灯 LD1（Y000）控制程序二

3.2.2.3 使用特殊定时器指令解决振荡电路

振荡电路的处理还可采用功能指令特殊定时器 STMR 指令来实现。如图 3-22 所示，使用该指令能较容易地实现输出振荡定时器。图 3-22 中控制开关 X000 与 M3 的常闭触点串联，则 M1、M2 将振荡输出，当 X000 断开时，则设定时间后 M0、M1 和 M3 断开，T1 也被复位。必须指出：定时器 T1 在此处使用后，则不能再用于程序的其他地方。

使用图 3-22 中的 STMR 指令构成振荡定时电路，则可用 M3 的常开触点来替代图 3-18 中的 T1 常开触点即可。使用 STMR 指令构成闪烁定时电路实现的彩灯 LD1（Y000）的控制梯形图如图 3-23 所示。

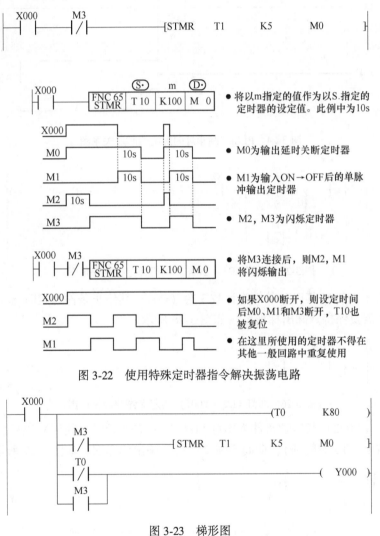

图 3-22 使用特殊定时器指令解决振荡电路

图 3-23 梯形图

3.2.3 起保停方式设计 PLC 控制彩灯循环

控制要求绘制出彩灯闪烁控制电路的时序关系图，如图 3-24 所示。针对三个输出分别可进行分析。

彩灯 LD1（Y000）其启动条件为打开启动开关 S07（X000），其停止条件为关闭启动开关 SB1（X000）或延时 8s（T0）时间到，由于采用开关控制，因此在此期间不需要保持。此外由于彩灯 LD1（Y000）还有闪烁过程，因此可以采用标准闪烁电路的触点，在 8s 时间到后，为彩灯 LD1（Y000）另外提供一条旁路通路，此时彩灯控制采用 T1 控制。当彩灯闪烁 3 次（C0）后，停止彩灯 LD1（Y000）的输出。画出梯形图，如图 3-25 所示。

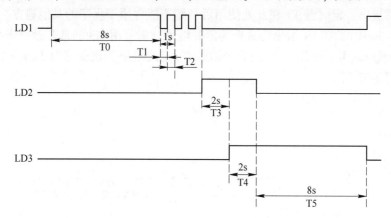

图 3-24　PLC 控制彩灯闪烁电路时序关系图

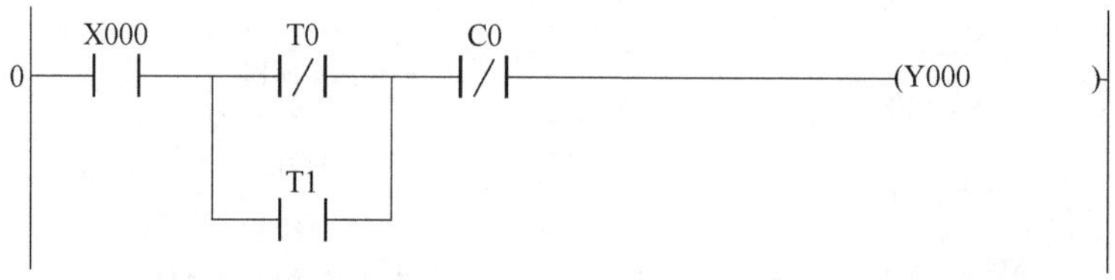

图 3-25　彩灯 LD1（Y000）的起保停控制梯形图

彩灯 LD2（Y001）其启动条件为计数 3 次（C0），其停止条件为定时器（T4）延时间到，期间不需要保持。画出梯形图，如图 3-26 所示。

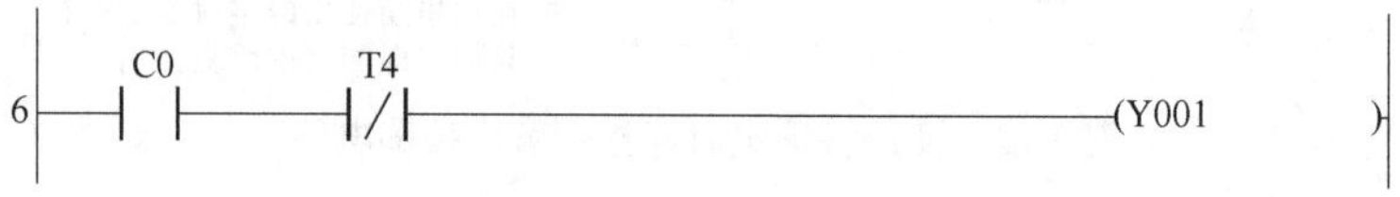

图 3-26　彩灯 LD2（Y001）的起保停控制梯形图

彩灯 LD3（Y002）其启动条件为彩灯 LD2 亮 2s（T3 延时时间到）以后，其停止条件为一个周期结束（T5 时间到），期间不需要保持。画出梯形图，如图 3-27 所示。

图 3-27　彩灯 LD3（Y002）的起保停控制梯形图

各定时器的控制梯形图如图 3-28 所示。起保停条件此处不再赘述，读者可自行分析。

计数器 C0 其启动条件为彩灯 LD1（Y000）亮 8s 后（T0 时间到），当标准振荡电路定时器 T2 每接通一次，就计数一次。其复位条件开关 S07（X000）断开或一个周期结束（T5 时间到），期间不需要保持。画出梯形图，如图 3-29 所示。

将图中输出的梯形图整合到一起，其整个的控制梯形图如图 3-30 所示。

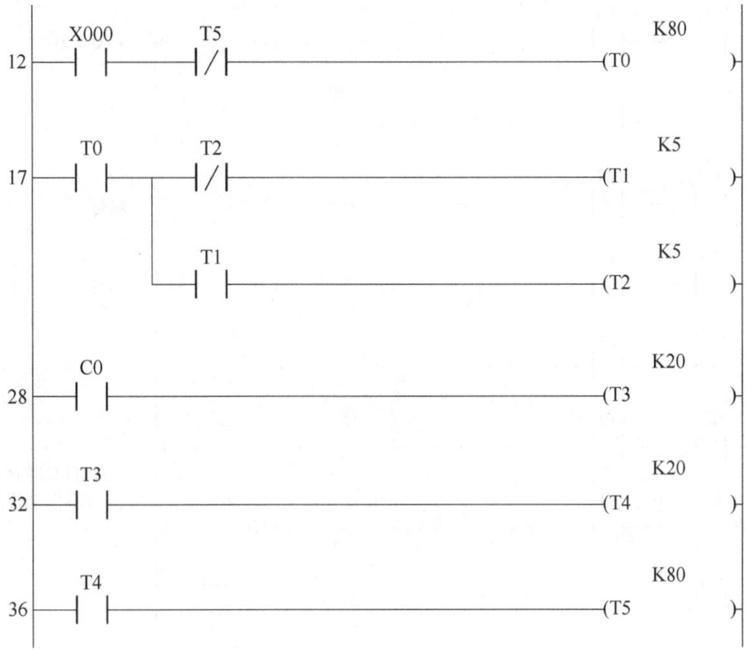

图 3-28 各定时器的起保停控制梯形图

图 3-29 计数器 C0 起保停控制梯形图

3.2.4 时序控制方式设计 PLC 控制彩灯循环

在以上程序中采用时间进行控制切换彩灯 LD1（Y001）的闪烁。通常在这类程序中，由于大量使用定时器，必须随时考虑定时器的复位问题，因此给编程人员带来极大的困扰。为解决这类问题，可采用时序法编写程序。这种编程方法的主要使用步骤及要点如下所述。

（1）画时序图：在分析控制要求的基础上，明确 PLC 各输出和各输入信号的时序关系，画出相应的时序图。

（2）设置定时器：根据时序图，设置一系列符合整个时序控制的定时器。

（3）时间段的逻辑表示：根据 PLC 每个输出端信号状态的变化将其时序图划分成若干个相应的时间段。PLC 输出信号为"ON"的时间段，简称为作用时间段。确定每个作用时间段的起点、终点及每对起点和终点的相关逻辑运算（如与逻辑运算），形成该作用时间段。

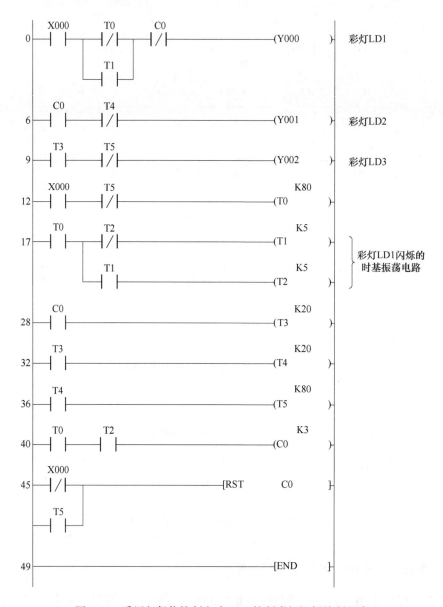

图 3-30 采用起保停控制方式 PLC 控制彩灯闪烁控制程序

（4）综合：结合 PLC 各输出信号的时序图，依次列出 PLC 每个输出信号的全部作用时间段的逻辑组合（或逻辑表达式），编制完整的梯形图程序。

根据上述方式绘制时序图，如图 3-31 所示。

根据图 3-31 的时序图采用时间控制彩灯梯形图，如图 3-32 所示。

值得注意的是，由于程序中使用的各个时间段只在 PLC 的每个扫描周期内得到执行，因此这种程序不能用于定时精度要求很高的时序控制场合。

3.2.5 采用时间基准比较的时序法编制彩灯闪烁程序

使用大量的定时器使得时序图结构不够清晰。显然，如果应用触点比较指令，将一个

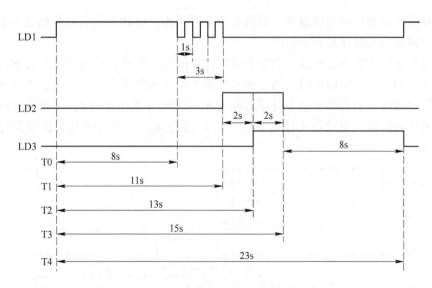

图 3-31 采用定时器处理彩灯闪烁中闪烁次数

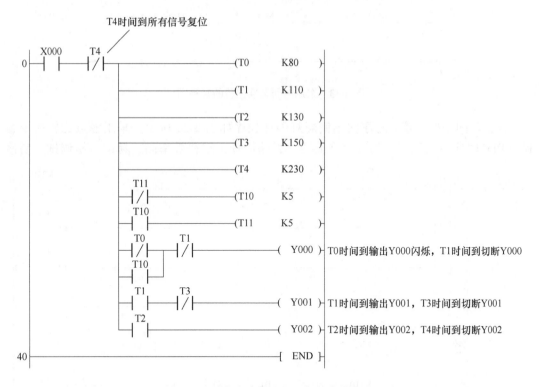

图 3-32 时序法编制彩灯闪烁程序梯形图

基准定时器的当前值分别与多个定时设定值进行比较，利用这些指令所提供的多个比较触点，可以获得多个定时器的控制效果。

这种方法的要点是应用触点比较指令来编制 PLC 时序控制程序时，同一个时序控制过程仅需要一个基准定时器。因此，使用该方法编程，首先需设置一个符合时序控制要求的基准定时器，采用多个触点比较指令，把基准定时器的当前值与期望的多个定时设定值相比较，再利用比较触点的逻辑组合，形成若干个时间段，将 PLC 的各实际输出与有关时间段相对应，即可达到时序控制的目的。

此时可考虑使用基准定时器作为整个时序控制的时间标准，其他的任意时刻均应以此为计时标准，而每个所需的定时时间也必须转换为相应的期望定时设定值，因此基准定时器的定时设定值应大于或等于整个时序过程所用的时间（或循环周期）。基准定时器可以直接采用普通定时器，也可以由定时器加一计数器构成。采用时间基准比较的时序图如图3-33 所示。

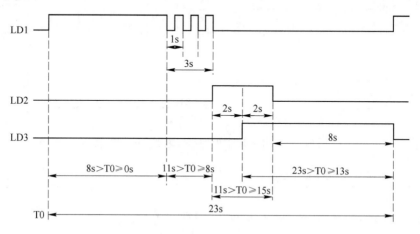

图 3-33　采用时间基准比较的时序图

根据时间基准比较的时序法编制彩灯闪烁程序如图 3-34 所示。采用触点比较指令编制的 PLC 时序控制程序，具有直观简便、思路清晰、编程效率高、易读、易调试、易修

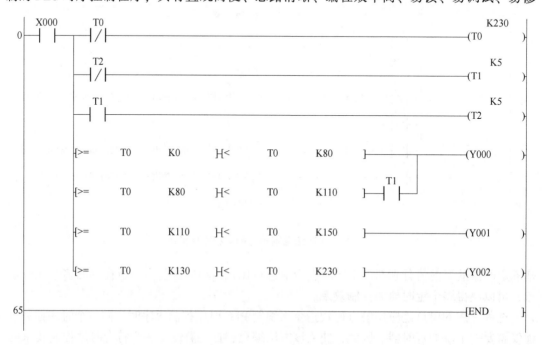

图 3-34　采用时间基准比较的时序法编制彩灯闪烁程序梯形图

改、易维护等显著特点，尤其是所需的基准定时器不但可以是普通定时器，而且也可以是定时器加上计数器构成，因此通过对其计时或计数的当前值与期望的若干个定时设定值比较，还可以用 PLC 实现更长时间范围内的时序控制。

3.3 PLC 控制转孔动力头

3.3.1 课题分析

某一冷加工自动线有一个钻孔动力头，该动力头的加工过程示意图如图 3-35 所示。其控制要求如下：

动力头在原位，并加以启动信号，这时接通电磁阀 YV1，动力头快进；动力头碰到限位开关 SQ1 后，接通电磁阀 YV1 和 YV2，动力头由快进转为工进，同时动力头电机转动（由 KM1 控制）；动力头碰到限位开关 SQ2 后，电磁阀 YV1 和 YV2 失电，并开始延时 3s；延时时间到，接通电磁阀 YV3，动力头快退；动力头回到原位即停止电磁阀 YV3 及动力头电机。

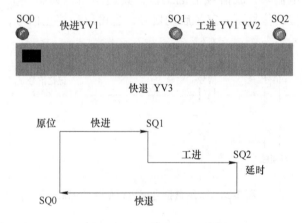

图 3-35 转孔动力头工作示意图

确定输入/输出（I/O）分配表，见表 3-4。

表 3-4 转孔动力头 I/O 分配表

输 入		输 出	
输入设备	输入编号	输出设备	输出编号
启动按钮 SB1	X000	电磁阀 YV1	Y000
限位开关 SQ0	X001	电磁阀 YV2	Y001
限位开关 SQ1	X002	电磁阀 YV3	Y002
限位开关 SQ2	X003	接触器 KM1	Y003

课题目的

（1）能使用顺序控制方式设计转孔动力头程序。

（2）能使用步进顺控方式设计转孔动力头程序。

（3）能使用移位指令控制转孔动力头程序。

（4）能对 PLC 控制转孔动力头程序进行调试。

课题重点

（1）步进顺控方式设计转孔动力头程序。

（2）能使用移位指令控制转孔动力头程序。

课题难点

（1）顺序控制方式设计转孔动力头程序。

（2）能使用移位指令控制转孔动力头程序。

3.3.2 顺序控制方式设计转孔动力头程序

3.3.2.1 采用自锁电路实现信号记忆

在实际控制当中，通常启动信号、停止信号都为按钮输入，传感器的检测信号通常也只是一瞬间的信号。这就造成程序编写中经常会碰到输入的信号需要保持记忆的问题。在继电—接触器控制中，采用中间继电器用于存放运算当中的临时信号，在 PLC 中则采用自锁电路，通过辅助继电器来完成信号记忆工作，其通用结构如图 3-36 所示。特别需要指出的是，图中需要记忆的信号不一定是启动信号，也可以是停止信号，或者其他需要临时保存、后期使用的信号。

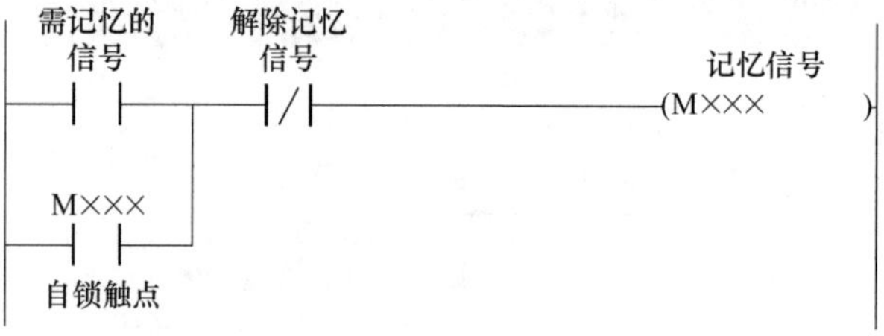

图 3-36 采用自锁电路进行信号的记忆

此外，在图 3-36 中，若需记忆的信号与解除记忆信号同时接通，则记忆信号 Mxxx 无法实现记忆功能，因此，这种电路结构又被称为"解除记忆信号优先式"的记忆电路。若希望需记忆的信号具有优先权，可采用图 3-37 所示的"需记忆的信号优先式"的记忆电路。

图 3-37 需记忆信号优先式的记忆电路

3.3.2.2 采用置位指令与复位指令实现信号记忆

置位指令 SET。该指令作用是使目标元件置位（ON）后一直保持，直至复位为止。

可用目标元件 Y、M、S。

复位指令 RST。该指令是使元件复位（OFF），并一直保持直至置位为止，RST 指令还可以对定时器、计数器、数据寄存器的内容清零。可用目标元件 Y、M、S、T、C、D、V、Z。

STE、RST 指令的使用如图 3-38 所示。

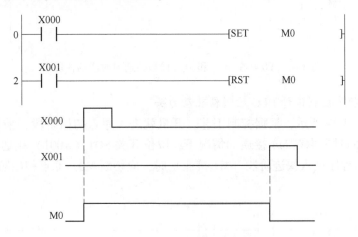

图 3-38　SET、RST 指令的使用

由图 3-38 可知，X000 接通后，M0 置位（ON），即使 X000 再断开，M0 也保持接通（ON）。X001 接通后，M0 复位（OFF），即使 X001 再断开，M0 也将保持断开（ON）。对于同一目标元件，SET、RST 可多次使用，顺序也可随意，但最后执行的一条指令才有效。

3.3.2.3　顺序控制的设计思路

根据控制工艺，可将整个工作过程分为原点、快进、工进、停留、返回 5 个阶段，每个阶段用不同的辅助继电器表示其工作阶段，如图 3-39 所示。

图 3-39　工作顺序关系

按照顺序控制的结构形式通常 M_i 表示当前工作阶段，M_{i-1} 表示前一个阶段，M_{i+1} 表示下一个阶段，此时梯形图通常采用顺控结构如图 3-40 所示。

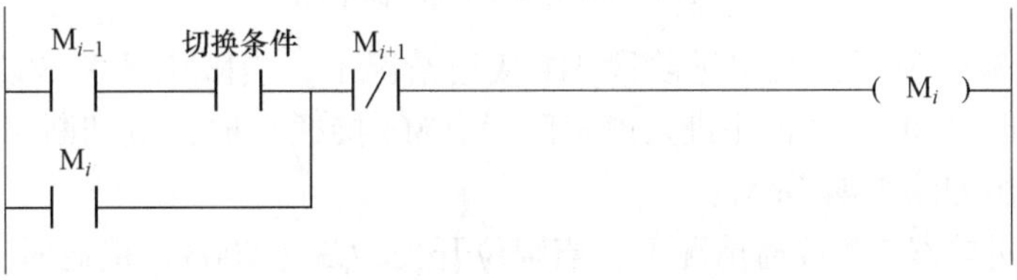

图 3-40　顺控结构梯形图

此后只需按照工艺判断某个输出在哪几个 M 阶段接通，然后将这几个 M 并联即可。例如，Y000 在 M_{i-1} 和 M_{i+2} 阶段接通，此时对应的梯形图如图 3-41 所示。

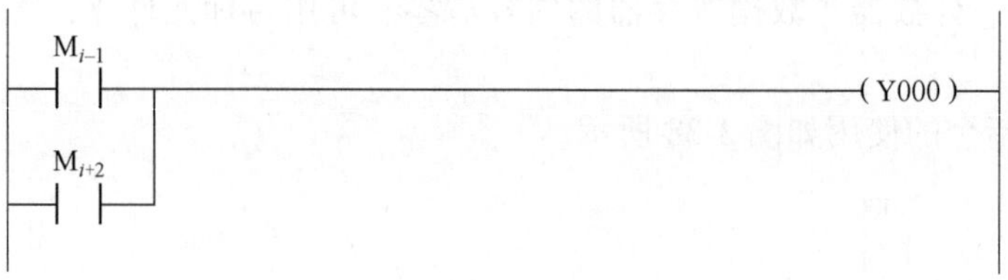

图 3-41　Y000 在 M_{i-1} 和 M_{i+2} 阶段接通时对应的梯形图

3.3.2.4　顺序控制设计 PLC 控制钻孔动力头

阶段按照图 3-39 所示，根据控制工艺，开机就进入原点初始阶段，采用 PLC 的开机脉冲接通 M0，同时考虑在 M4 接通的情况下，限位开关 SQ1（X001）接通也应该进入原点初始阶段；当程序进入快进阶段（M1 接通）时，应切断 M0。原点初始阶段程序梯形图如图 3-42 所示。

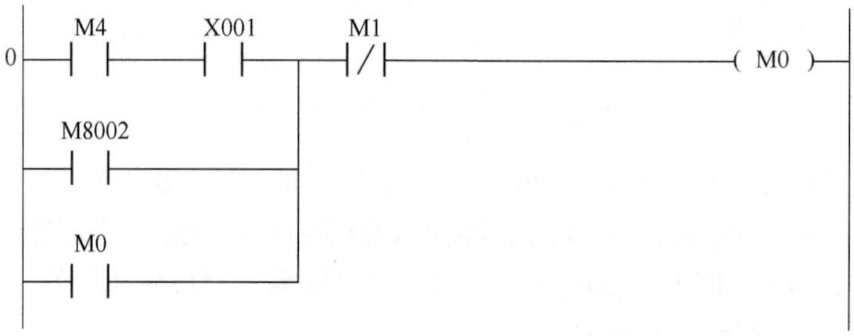

图 3-42　原点初始阶段程序梯形图

阶段按照图 3-39 所示，在原点初始阶段 M0 接通情况下，当限位开关 SQ1（X001）接通时，按下启动按钮 SB1（X000）可进入快进阶段 M1；当程序进入工进阶段（M2 接通）时，应切断快进阶段 M1。快进阶段程序梯形图如图 3-43 所示。

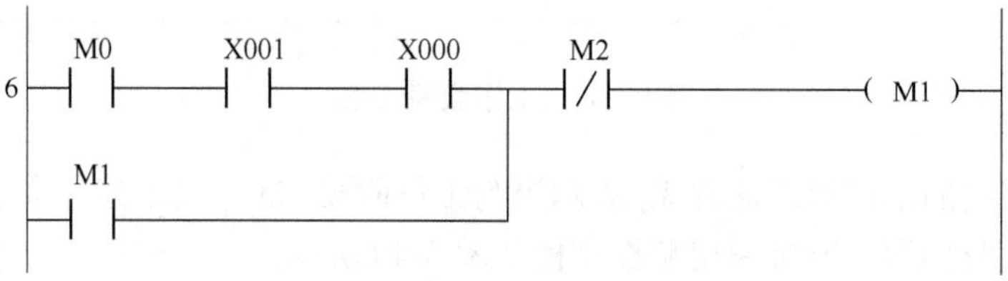

图 3-43　快进阶段程序梯形图

阶段按照图 3-39 所示，在快进阶段 M1 接通情况下，当限位开关 SQ2（X002）接通时，可进入工进阶段 M2；当程序进入停留阶段（M3 接通）时，应切断工进阶段 M2。工进阶段程序梯形图如图 3-44 所示。

同理，在工进阶段 M2 接通情况下，当限位开关 SQ3（X003）接通时，可进入停留阶段 M3；当程序进入返回阶段（M4 接通）时，应切断停留阶段 M3。停留阶段程序梯形图如图 3-45 所示。

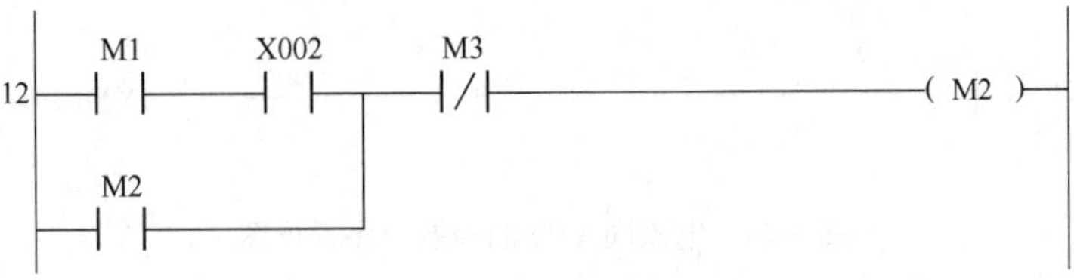

图 3-44 工进阶段程序梯形图

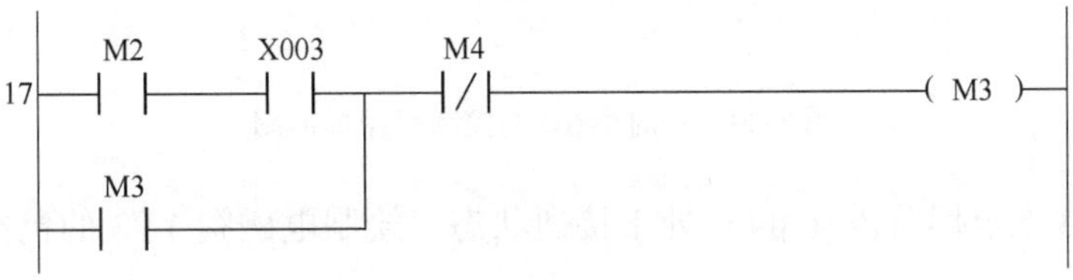

图 3-45 停留阶段程序梯形图

在停留阶段 M3 接通情况下，当延时 3s 时间到，T0 接通时，可进入返回阶段 M4；当程序进入原点初始阶段（M0 接通）时，应切断返回阶段 M4。返回阶段程序梯形图如图 3-46 所示。

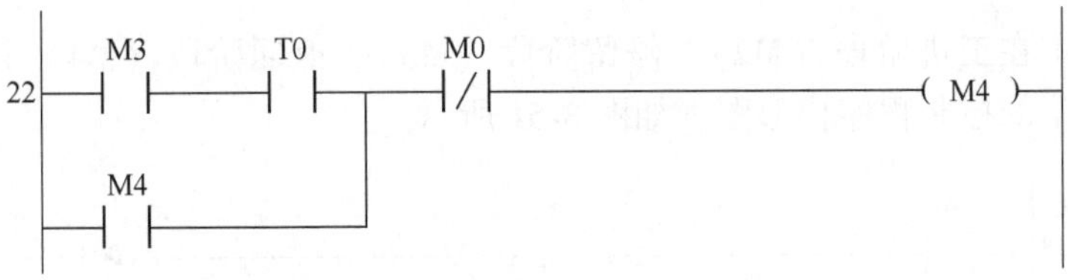

图 3-46 返回阶段程序梯形图

处理完上述各阶段的通断情况，可逐个分析各输出对应的工作阶段。电磁阀 YV1 在快进阶段（M1）与工进阶段（M2）均处于接通状态，绘制电磁阀 YV1 的控制程序梯形图，如图 3-47 所示。

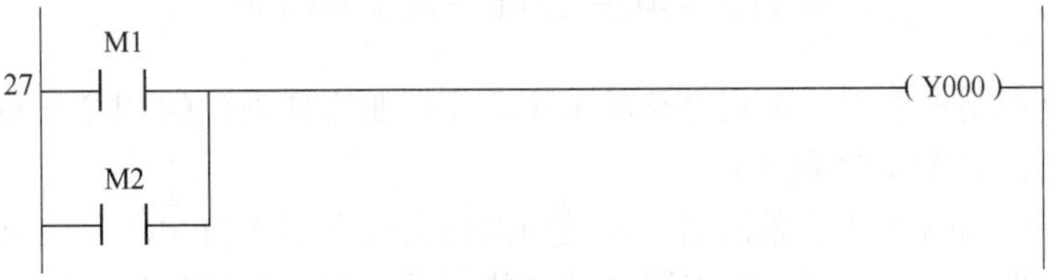

图 3-47 电磁阀 YV1 的控制程序梯形图

电磁阀 YV2 在工进阶段（M2）处于接通状态，绘制电磁阀 YV2 的控制程序梯形图，如图 3-48 所示。

定时器 T0 在停留阶段（M3）处于接通状态，绘制定时器 T0 的控制程序梯形图，如图 3-49 所示。

图 3-48 电磁阀 YV2 的控制程序梯形图

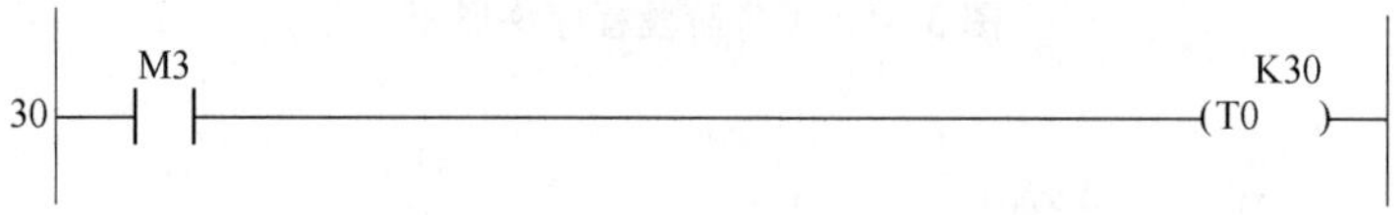

图 3-49 定时器 T0 的控制程序梯形图

电磁阀 YV3 在返回阶段（M4）处于接通状态，绘制电磁阀 YV3 的控制程序梯形图，如图 3-50 所示。

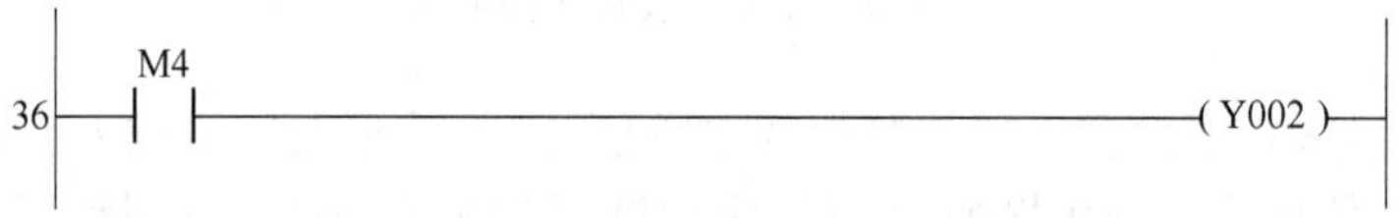

图 3-50 电磁阀 YV3 的控制程序梯形图

接触器 KM1 在工进阶段（M2）、停留阶段（M3）、返回阶段（M4）处于接通状态，绘制接触器 KM1 的控制程序梯形图，如图 3-51 所示。

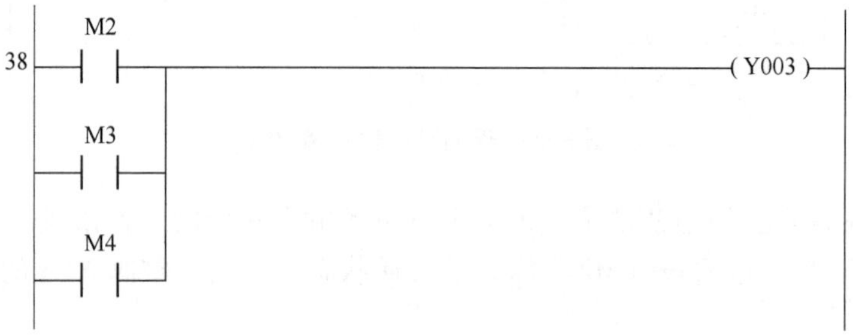

图 3-51 接触器 KM1 的控制程序梯形图

整理各部分控制梯形图，得到完整的采用顺序控制方式设计的 PLC 实现钻孔动力头的自动控制梯形图，如图 3-52 所示。

除了采用自锁电路实现状态记忆，通过切换辅助继电器进行顺序控制之外，也可采用置位与复位指令进行状态记忆，实现同样的功能。采用置位与复位指令实现顺控功能的程序梯形图，如图 3-53 所示。

3.3.3 步进顺控方式设计转孔动力头程序

在顺序控制中，生产过程是按顺序、有步骤地一个阶段接一个阶段连续工作的。即每一个控制程序均可分为若干个阶段，这些阶段称为状态。在顺序控制的每一个状态中都有完成该状态控制任务的驱动元件和转入下一个状态的条件。当顺序控制执行到某一个状态时，该状态对应的控制元件被驱动，控制输出执行机构完成相应的控制任务，当向下一个状态转移的条件满足时，进入下一个状态，驱动下一个状态对应的控制元件，同时原状态自动切除，原驱动的元件复位。画出图形表示称为状态转移图或状态流程图。

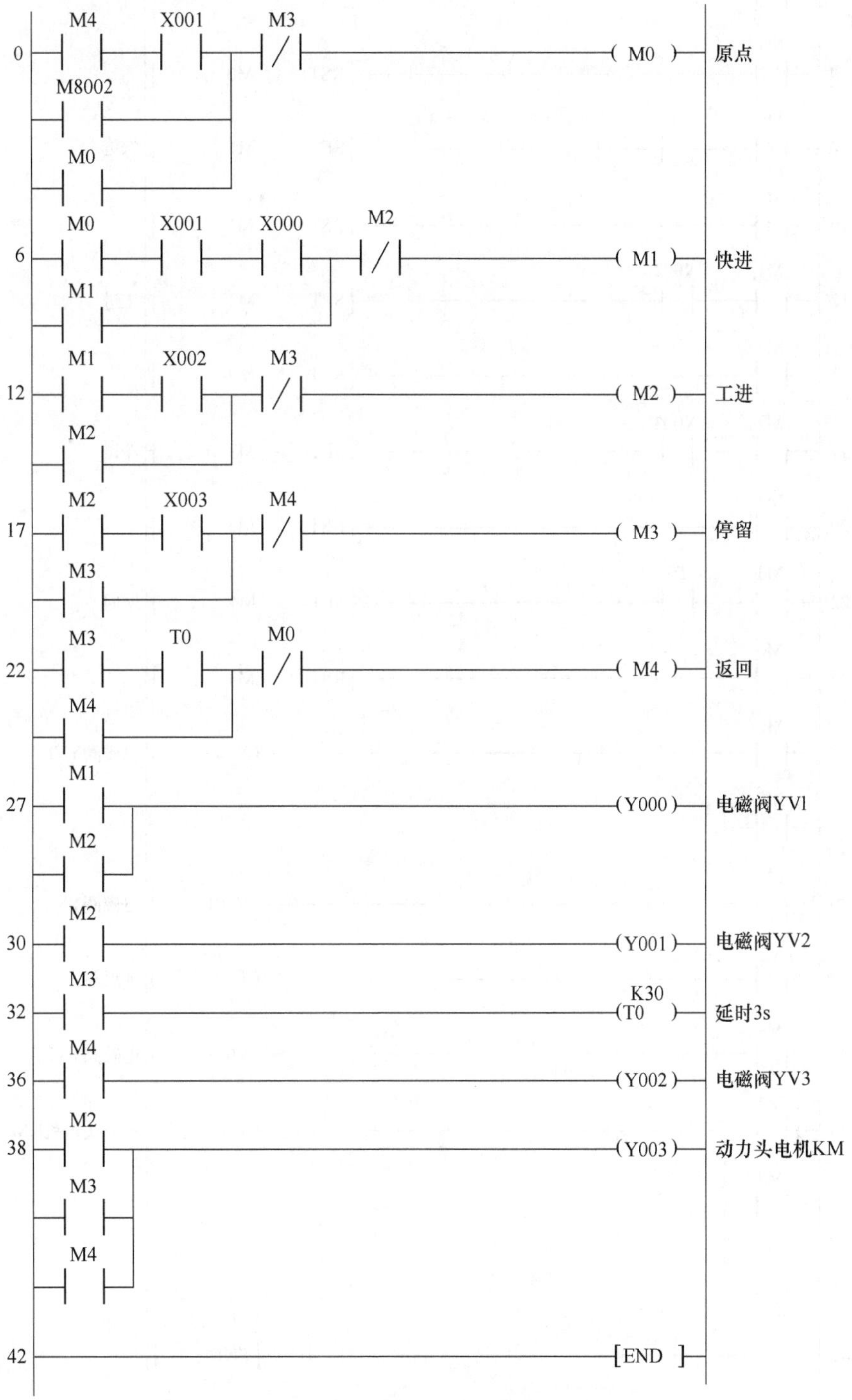

图 3-52 PLC 控制钻孔动力头控制程序

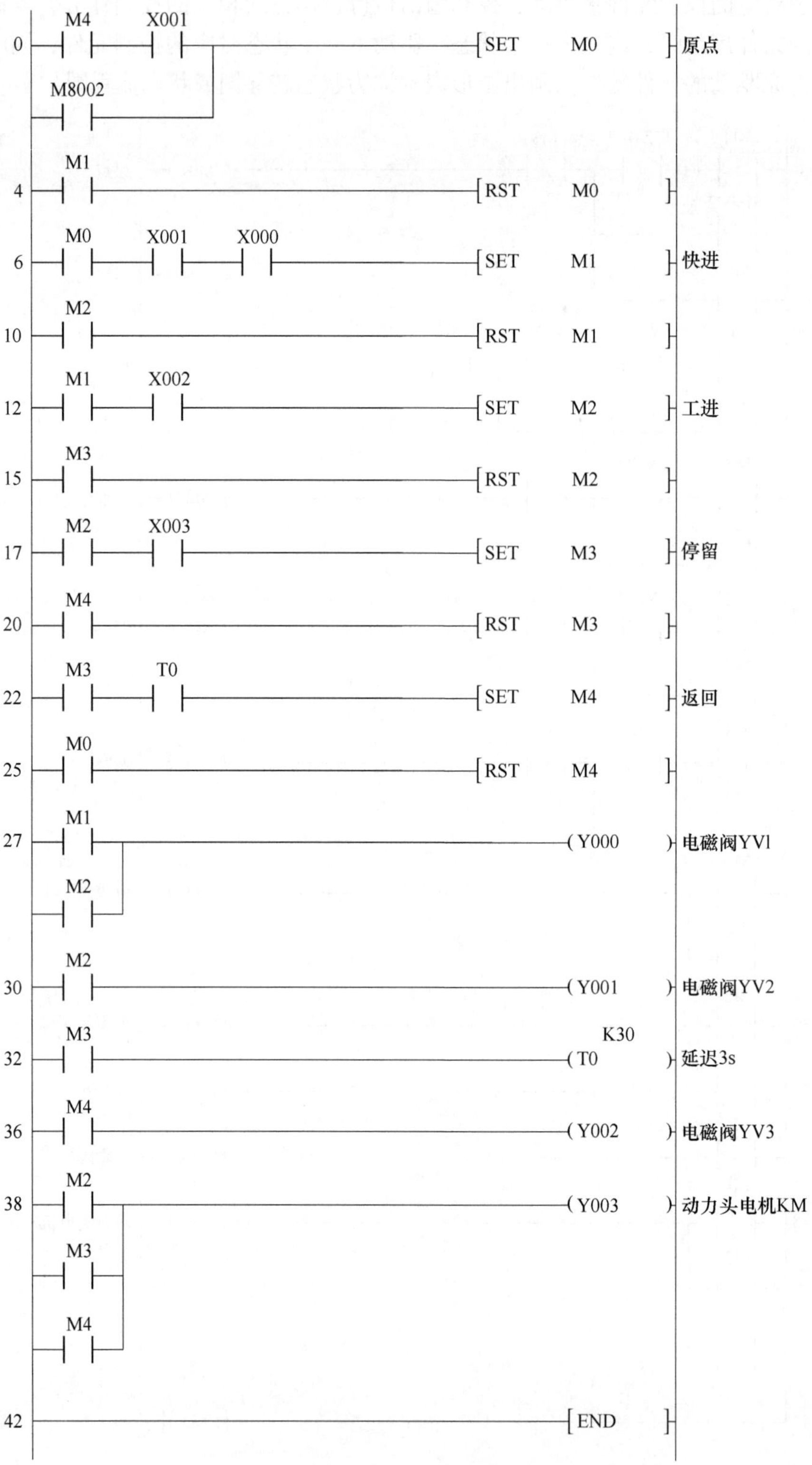

```
         M4    X001
0     ──┤├────┤├──────┬──────────────────────[SET    M0    ]─  原点
         M8002         │
      ──┤├────┤├───────┘

         M1
4     ──┤├──────────────────────────────────[RST    M0    ]─

         M0    X001   X000
6     ──┤├────┤├─────┤├──────────────────────[SET    M1    ]─  快进

         M2
10    ──┤├──────────────────────────────────[RST    M1    ]─

         M1    X002
12    ──┤├────┤├────────────────────────────[SET    M2    ]─  工进

         M3
15    ──┤├──────────────────────────────────[RST    M2    ]─

         M2    X003
17    ──┤├────┤├────────────────────────────[SET    M3    ]─  停留

         M4
20    ──┤├──────────────────────────────────[RST    M3    ]─

         M3    T0
22    ──┤├────┤├────────────────────────────[SET    M4    ]─  返回

         M0
25    ──┤├──────────────────────────────────[RST    M4    ]─

         M1
27    ──┤├────┬──────────────────────────────(Y000  )─  电磁阀YV1
         M2   │
      ──┤├────┘

         M2
30    ──┤├────────────────────────────────────(Y001  )─  电磁阀YV2

         M3                               K30
32    ──┤├────────────────────────────────────(T0    )─  延迟3s

         M4
36    ──┤├────────────────────────────────────(Y002  )─  电磁阀YV3

         M2
38    ──┤├────┬──────────────────────────────(Y003  )─  动力头电机KM
         M3   │
      ──┤├────┤
         M4   │
      ──┤├────┘

42    ──────────────────────────────────────[END    ]─
```

图 3-53 采用置位与复位指令的 PLC 控制钻孔动力头控制程序

状态转移图又称为顺序功能图（Sequential Function Chart，SFC）。用于描述控制系统的顺序控制过程，具有简单、直观的特点，是设计 PLC 顺控程序的一种有力工具。通常由初始状态、一般状态、转移线和转移条件组成，其中的每一步包含本步驱动的有关负载、转移条件及指令的转移目标三个内容。状态转移图如图 3-54 所示。

根据图 3-54 可以看出，在状态转移图中，控制过程的初始状态用双线框来表示，单线框表示顺序执行的"步"或"状态"，框中是状态器 S 及其编号，步与步之间用有向线段来连接，如果进行方向是由上向下或从左到右，线段上的箭头可以省略不画，其他方向上必须加上箭头用来注明步的进展方向。当任意一步激活时，相应的动作或命令将被执行。一个活动步可以有一个或几个动作或命令被执行。

步与步之间的状态转换需满足两个条件：一是前级步必须是活动步；二是对应的转换条件要成立。满足上述两个条件就可以实现步与步之间的转换。一旦后续步转换成功成为活动步，前级步就要复位成为非活动步。这样，状态转移图的分析就变得条理十分清楚，无需考虑状态之间的繁杂联锁关系，可以理解为："只干自己需要干的事，无需考虑其他。"另外，这也方便了程序的阅读理解，使程序的试运行、调试、故障检查与排除变得非常容易，这就是步进顺控设计法的优点。三菱 FX 系列 PLC 提供状态元件 S 用于步进顺控编程，随状态动作的转移，原状态元件自动复位。

根据工艺要求，绘制 PLC 控制转孔动力头的状态转移图，如图 3-55 所示。

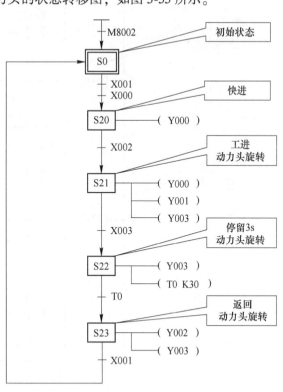

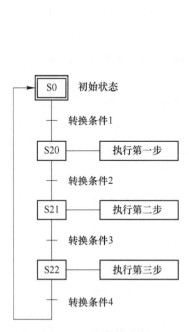

图 3-54　状态转移图　　　　　　　图 3-55　PLC 控制钻孔动力头状态转移图

对应 PLC 控制转孔动力头的状态转移图，绘制 PLC 控制转孔动力头的控制梯形图，如图 3-56 所示。

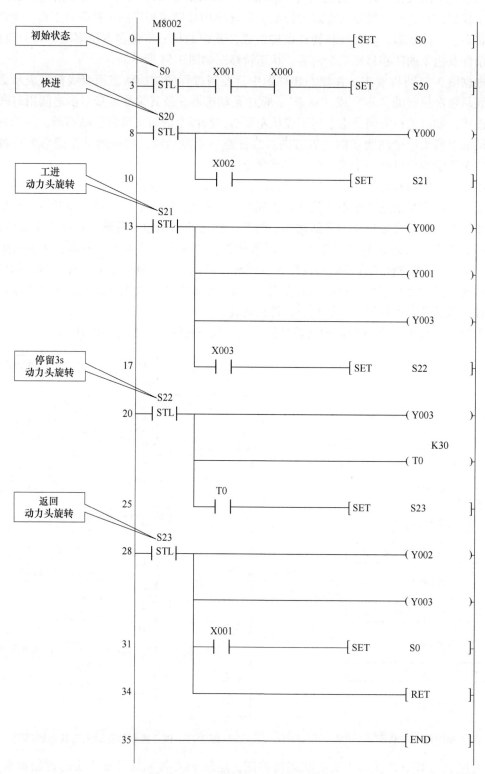

图 3-56 PLC 控制钻孔动力头梯形图

3.3.4 采用移位指令设计转孔动力头程序

循环左移：FNC31　ROL

目的操作数 $\boxed{D \cdot}$：KnY、KnM、KnS、T、C、D、V、Z

其他操作数 n：K

连续执行型指令每一个扫描周期都进行移位动作，因此通常采用脉冲执行型指令。在位组合元件情况下，只有 K4（16 位指令）和 K8（32 位指令）是有效的。

图 3-57 所示为循环左移位指令执行情况，每次 X0 接通瞬间，左移 n 位，最终位被存入进位标志位 M8022 特殊辅助继电器中。

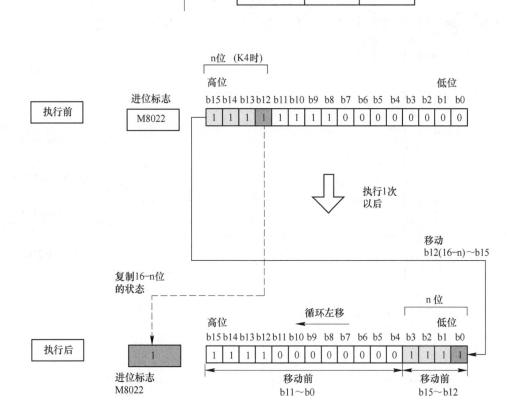

图 3-57　循环左移位指令执行情况

通常在步进类程序中可考虑采用移位指令来实现控制要求。其根本原理是在数据中的最低位（或最高位）存放一个"1"，其他位均为"0"，然后在满足条件的情况下，依次将数据中的"1"进行移位，由于数据中始终只有一位为"1"，每次移位后就相当于转移了一个状态。因此此方法与状态转移图的方法是异曲同工的。根据工艺要求画出控制梯形图，如图 3-58 所示。

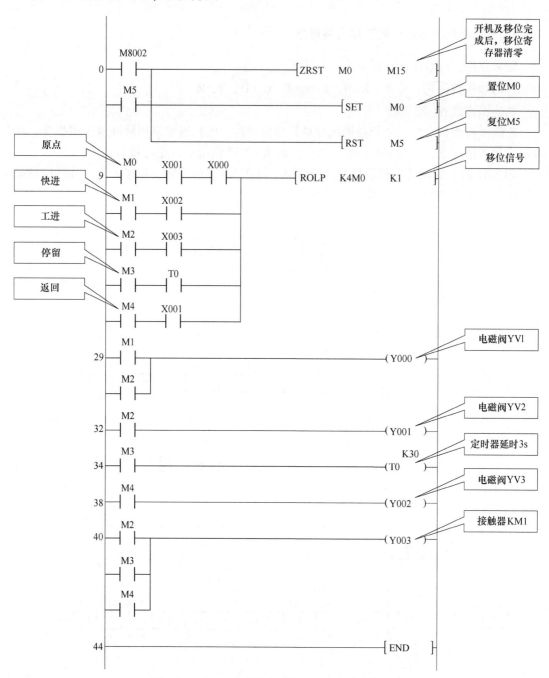

图 3-58 采用移位指令控制转孔动力头的梯形图

3.4 PLC 控制水泵随机启动问题

3.4.1 课题分析

三台水泵随机控制过程示意图，如图 3-59 所示。其控制要求如下：

为保证控制的可靠性，在水塔泵房内安装有三台交流异步电动机水泵，三台水泵电动机正常情况下只运转两台，另一台为备用。为了防止备用机组因长期闲置而出现锈蚀等故障，正常情况下，按下启动按钮，三台水泵电动机中运转两台水泵电动机和备用的另一台水泵电动机的选择是随机的。

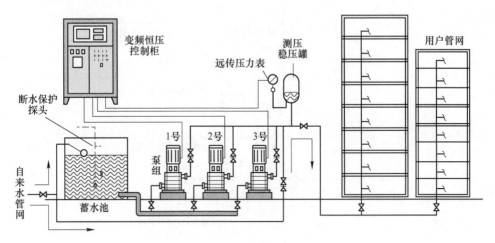

图 3-59 三台水泵随机启动控制

设定 I/O 分配表见表 3-5。

表 3-5 设定 I/O 分配表

输　入		输　出	
输入设备	输入编号	输出设备	输出编号
启动按钮 SB1	X000	1 号水泵	Y000
停止按钮 SB2	X001	2 号水泵	Y001
		3 号水泵	Y002

课题目的

(1) 能使用步进顺控方式设计 PLC 控制水泵随机启动问题。

(2) 移位方式设计 PLC 控制水泵随机启动问题。

(3) 能使用数学算法设计 PLC 控制水泵随机启动问题。

(4) 能对 PLC 控制水泵随机启动程序进行调试。

课题重点

(1) 随机信号的产生与处理。

(2) 编程方法与编程思路。

课题难点

(1) 移位方式设计 PLC 控制水泵随机启动问题。

(2) 数学算法设计 PLC 控制水泵随机启动问题。

3.4.2 步进顺控方式设计 PLC 控制水泵随机启动问题

对于控制来说，可设定一个初始状态和三种泵的组合状态，要找到一个随机的信号，可采用同一个转移信号，按下启动按钮，运行多少个扫描周期是不确定的。但最终只能是 S20、S21、S22 三个状态中的一个，如图 3-60 所示。

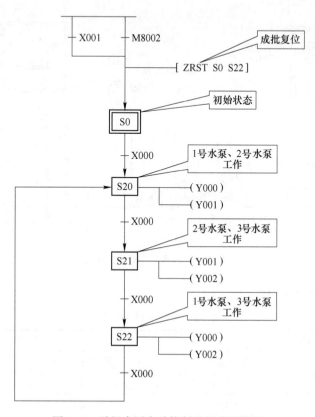

图 3-60 随机水泵启动控制的状态转移图

根据图 3-60 随机水泵启动控制的状态转移图，编写 PLC 控制程序，如图 3-61 所示。

3.4.3 移位方式设计 PLC 控制水泵随机启动问题

对于控制来说，首先要找到一个随机的信号，按下启动按钮，运行多少个扫描周期是不确定的。设定 M0 为 "1"，使每个扫描周期该 "1" 信号在 M0～M2 中循环左移 1 次，如图 3-62 所示。由于 M0～M2 中只有 1 位为 "1"，此方法类似 "击鼓传花" 游戏，故输出信号只有两个泵随机输出。

3.4.4 数学算法设计 PLC 控制水泵随机启动问题

从该控制的实质来说，随机输入可考虑是启动按钮按下后，对扫描周期进行计数，因为即便是同一个人按同一个按钮的扫描周期也是不确定的。因此可对启动按钮按下对扫描周期进行计数，然后采用 "除 3 取余" 的方法处理这个随机输入信号。其梯形图如图 3-63 所示。

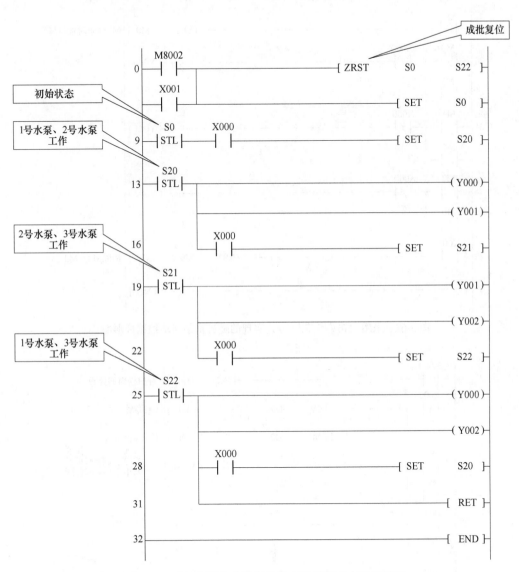

图 3-61 随机水泵启动控制的状态转移图对应的梯形图

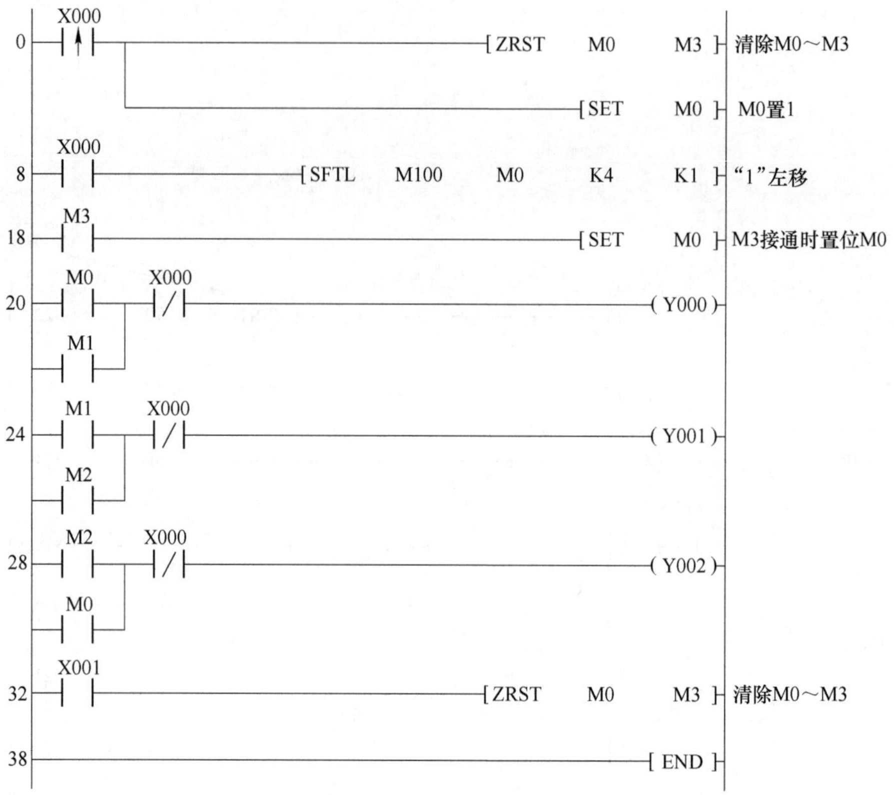

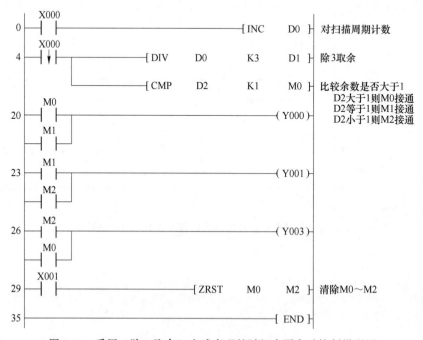

图 3-62 采用"击鼓传花"方式实现的随机水泵启动控制梯形图

图 3-63 采用"除 3 取余"方式实现的随机水泵启动控制梯形图

4 工业自动化与过程控制技术

4.1 S7-300 PLC 控制模拟量电压采样系统

4.1.1 课题分析

电压采样显示系统示意图如图 4-1 所示，在 0~10V 的范围内任意设定电压值（电压值可由电压表上反映），在按了启动按钮 SB1 后，PLC 每隔 10s 对设定的电压值采样一次，同时数码管显示采样值。按了停止按钮 SB2 后，停止采样，并可重新启动（显示电压值单位为 0.1V）。

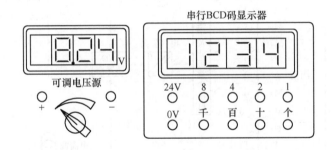

图 4-1 电压采样显示系统示意图

确定 PLC 控制电压采样显示系统 I/O 分配表，见表 4-1。

表 4-1 PLC 控制电压采样显示系统 I/O 分配表

输　入			输　出		
输入设备	输入编号	输入对应端口	输出设备	输出编号	输出对应端口
启动按钮 SB1	I0.0	普通按钮	BCD 码显示管数 1	Q2.0	BCD 码显示器 1
停止按钮 SB2	I0.1	普通按钮	BCD 码显示管数 2	Q2.1	BCD 码显示器 2
			BCD 码显示管数 4	Q2.2	BCD 码显示器 4
			BCD 码显示管数 8	Q2.3	BCD 码显示器 8
			显示数位数选通个	Q0.0	BCD 码显示器个
			显示数位数选通十	Q0.1	BCD 码显示器十
			显示数位数选通百	Q0.2	BCD 码显示器百

4.1.2 模拟量输入模块

实际的工程量（如压力、温度、流量、物位等）要采用各种类型传感器进行测量。传感器将输出标准电压、电流、温度或电阻信号供 PLC 采集，PLC 的模拟量输入模板将该电压、电流、温度或电阻信号等模拟量转换成数字量——整形数（INTEGER）。在 PLC 程序内部要对相应的信号进行比较、运算时，常需将该信号转换成实际物理值（对应于传感器的量程）。S7-300 系列 PLC 提供 SM331 模拟量输入模块（AI）进行转换。

CPU 始终以二进制格式来处理模拟值，模拟输入模块将模拟过程信号转换为数字格式。模拟量输入（简称输入（AI））模块 SM331 目前有 3 种规格型号，即 8AI×13 模块、2AI×13 位模块和 8AI×16 位模块。AI8×13 位模拟量输入模块内部电路及外部端子接线图如图 4-2 所示。

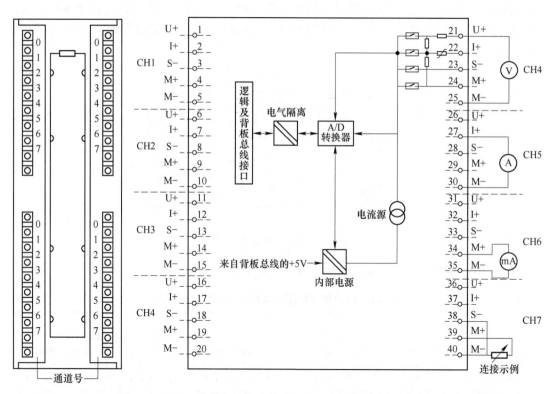

图 4-2 AI8×13 位模拟量输入模块内部电路及外部端子接线图

SM331 主要由 A/D 转换补缴、模拟切换开关、补偿电路、恒流源、光电隔离部件、逻辑电路等组成。A/D 转换补缴是模块的核心，其转换原理采用积分方法，被测量模拟量的精度是所设定的积分时间的正函数，即积分时间越长，被测值的精度越高。SM331 可选 2.5ms、16.7ms、20ms 和 100ms 四档积分时间，相对应表示的精度为 8、12、12 和 14。

可以接线并连接至模拟量输入的传感器，根据测量类型，可以对电压传感器、电流传感器、电阻、热电偶等传感器接线并连接至模拟量输入模块。不同类型传感器与 AI 的连接方式见表 4-2。

表 4-2 传感器与 AI 的连接

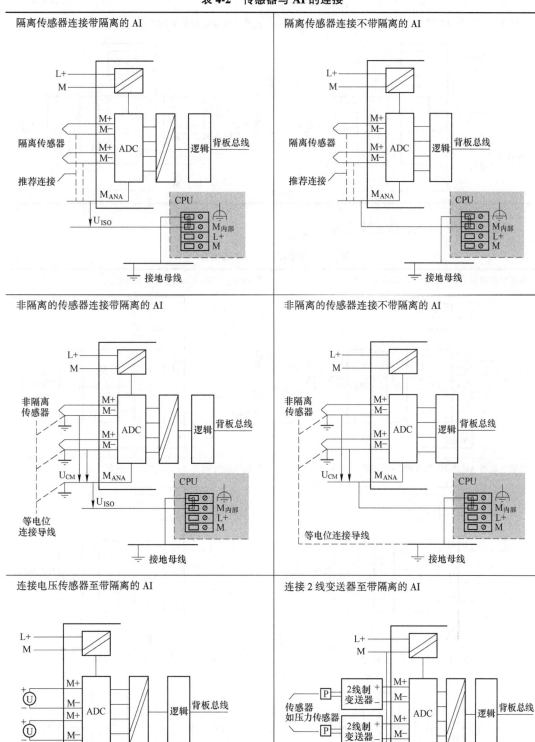

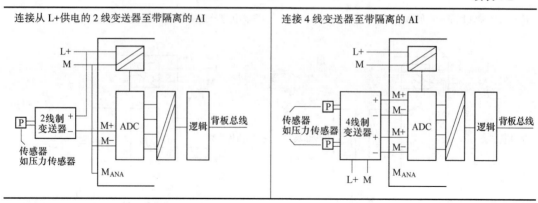

热敏电阻与 AI 的连接方式见表 4-3。

表 4-3 热敏电阻与 AI 的连接

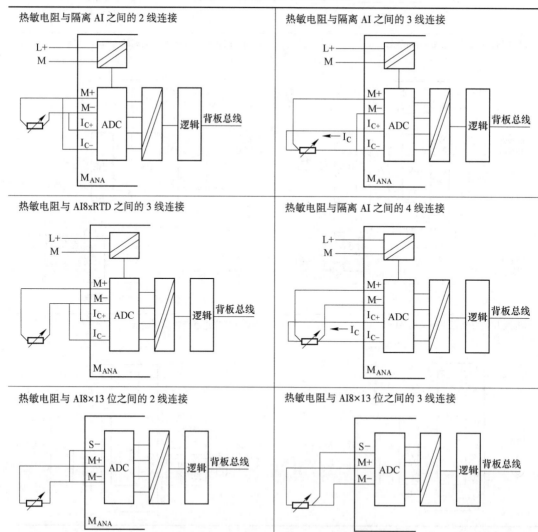

热敏电阻与 AI8×13 位之间的 4 线连接

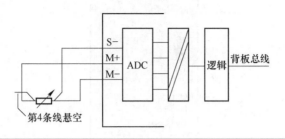

热电偶与 AI 的连接方式见表4-4。

表 4-4 热电偶与 AI 的连接

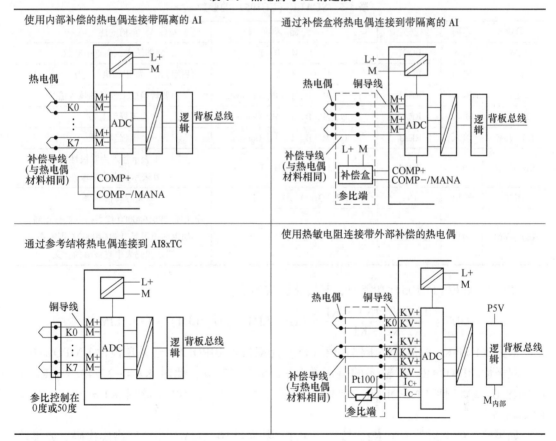

4.1.3 SCALE 指令

SCALE（FC105）功能将一个整形数 INTEGER（IN）转换成上限、下限之间的实际的工程值（LO_LIM and HI_LIM），结果写到 OUT。其功能块如图4-3所示，其各参数功能见表4-5。

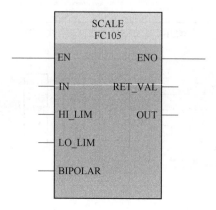

图 4-3 SCALE (FC105)

表 4-5 SCALE (FC105) 的参数

参数	声明	数据类型	存 储 区	描 述
EN	输入	BOOL	I、Q、M、D、L	使能输入，高电平有效
ENO	输出	BOOL	I、Q、M、D、L	使能输出，如正确执行完毕，则为 1
IN	输入	REAL	I、Q、M、D、L、P、Constant	要转换成工程量的输入值
HI_LIM	输入	REAL	I、Q、M、D、L、P、Constant	工程量上限
LO_LIM	输入	REAL	I、Q、M、D、L、P、Constant	工程量下限
BIPOLAR	输入	BOOL	I、Q、M、D、L	1 表示输入为双极性 0 表示输入为单极性
OUT	输出	INT	I、Q、M、D、L、P	量程转换结果
RET_VAL	输出	WORD	I、Q、M、D、L、P	返回值 W#16#0000 代表指令执行正确。如返回值不是 W#16#0000，则需在错误代码表中查该值的含义

使用 SCALE (FC105) 功能时，其转化公式如下：

$$OUT = \frac{FLOAT(IN) - K1}{K2 - K1} \times (HI\_LIM - LO\_LIM) + LO\_LIM$$

常数 K1 和 K2 的值取决于输入值（IN）是双极性 BIPOLAR 还是单极性 UNIPOLAR。双极性 BIPOLAR，即输入的整形数为 $-27648 \sim 27648$，此时 K1 = -27648.0，K2 = $+27648.0$。单极性 UNIPOLAR，即输入的整形数为 $0 \sim 27648$，此时 K1 = 0.0，K2 = $+27648.0$

如果输入的整形数大于 K2，输出（OUT）限位到 HI_LIM，并返回错误代码。如果输入的整形数小于 K1，输出限位到 LO_LIM，并返回错误代码。

反向定标的实现是通过定义 LO_LIM > HI_LIM 来实现的。反向定标后的输出值随着输入值的增大而减小。

错误信息：如输入的整形数大于 K2，则输出（OUT）限位到 HI_LIM，并返回错误值。如输入的整形数小于 K1，输出限位到 LO_LIM，并返回错误值。ENO 端的信号状态置为 0 且返回值 RET_VAL 为 W#16#0008。

例4-1 如图4-4所示，输入I0.0为1，SCALE功能被执行。此时整形数22将被转换成0.0到100.0的实数并写到OUT。输入是双极性BIPOLAR，用I2.0来设置。执行前后数据见表4-6。

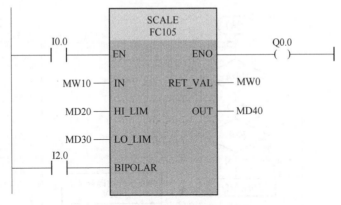

图4-4 SCALE（FC105）应用

表4-6 SCALE（FC105）功能执行前后数据

执 行 前		执 行 后	
IN	MW10 = 22		
HI_LIM	MD20 = 100.0		
LO_LIM	MD30 = 0.0	OUT	MD40 = 50.03978588
OUT	MD40 = 0.0		
BIPOLAR	I2.0 = TRUE		

4.1.4 PLC控制模拟量电压采样系统程序设计

根据I/O分配，设计PLC控制模拟量电压采样系统硬件接线图，如图4-5所示。

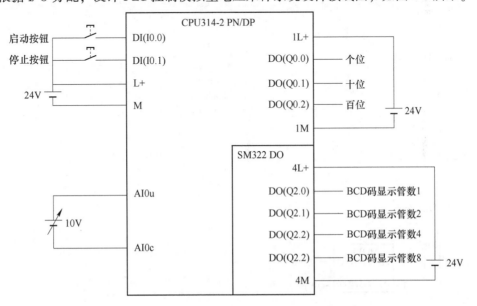

图4-5 PLC控制模拟量电压采样系统硬件接线图

根据工艺绘制 PLC 控制模拟量电压采样系统程序流程图，如图 4-6 所示。

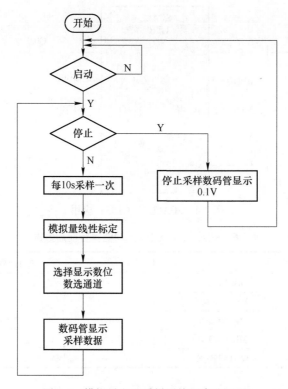

图 4-6　模拟量电压采样系统程序流程图

PLC 控制模拟量电压采样系统程序梯形图，如图 4-7 所示。

□ 程序段1：启动

```
    I0.0        I0.1                          M2.0
   "启动"       "停止"                        "启动信号"
  ──┤├────────┤/├────────────────────────────( )──┤

    M2.0
   "启动信号"
  ──┤├──
```

□ 程序段2：停止

```
    I0.1
   "停止"        ┌──────────┐
  ──┤├──────────┤   MOVE   │
               │EN     ENO├─────────────────────
               │          │
            1 ─┤IN    OUT ├─ QW1
               └──────────┘
```

□ 程序段3：10s采样

```
  M2.0
"启动信号"        T1                              T0
├──┤ ├──┬──────┤ / ├──────────────────────────(SD)──┤
          │                                      S5T#10S
          │
          │        T0                              T1
          └──────┤ ├──────────────────────────(SD)──┤
                                                 S5T#10MS
```

□ 程序段4：模拟量线性标定

```
  M2.0                                    ┌─────────────────────┐
"启动信号"      T0      M200.0             │        FC105        │
├──┤ ├──────┤ ├──────( P )──────────┤EN   │   Scaling Values    │
                                    │     │      "SCALE"    ENO├────
                                    │     │                     │
                             IW100 ─┤IN   │           RET_VAL├─ MW20
                                    │     │                     │
                         1.000000e+ │     │              OUT├─ MD100
                             002 ───┤HI_LIM                    │
                                    │     │                     │
                         0.000000e+ │     │                     │
                             000 ───┤LO_LIM                    │
                                    │     │                     │
                             M10.0 ─┤BIPOLAR                   │
                                    └─────────────────────┘
```

□ 程序段5：数据类型转换

```
          ┌────────────┐                    ┌────────────┐
          │  ROUND     │                    │  I_BCD     │
          │ EN    ENO  │                    │ EN    ENO  │
    MD100─┤IN    OUT├─ MD104          MW106─┤IN    OUT├─ MW108
          └────────────┘                    └────────────┘
```

□ 程序段6：设置移位位数

```
  M2.0
"启动信号"    M200.1            ┌────────────┐
├──┤ ├──────( P )──────┬───────│  MOVE      │
                       │       │ EN    ENO  │────────
                       │       │            │
                       │    1 ─┤IN    OUT├─ MD30
                       │       └────────────┘
                       │       ┌────────────┐
                       ├───────│  MOVE      │
                       │       │ EN    ENO  │
                       │       │            │
                       │    8 ─┤IN    OUT├─ MW300
                       │       └────────────┘
                       │       ┌────────────┐
                       └───────│  MOVE      │
                               │ EN    ENO  │
                               │            │
                            4 ─┤IN    OUT├─ MW302
                               └────────────┘
```

⊟ 程序段7：通道选择

```
M2.0              M0.1                                    ROL_DW
"启动信号"      "时钟脉冲5Hz"      M200.2          EN      ENO
───┤├──────────────┤├──────────────( P )─────────EN      ENO────────────
                                              MD30─┤IN     OUT├─MD30

                                             MW300─┤N
```

⊟ 程序段8：选通个位

```
     M30.0           M200.3                    MOVE
     ───┤├──────────┬──( P )─────────────EN      ENO────────────
                    │                   MW108─┤IN     OUT├─MW110
                    │
                    │                              Q0.0
                    │                            "显示数位
                    │                            数选通个"
                    └────────────────────────────( )───────
```

⊟ 程序段9：选通十位

```
     M31.0           M200.4                    SHR_I
     ───┤├──────────┬──( P )─────────────EN      ENO────────────
                    │                   MW108─┤IN     OUT├─MW110
                    │
                    │                   MW302─┤N
                    │
                    │                              Q0.1
                    │                            "显示数位
                    │                            数选通十"
                    └────────────────────────────( )───────
```

⊟ 程序段10：选通百位

```
     M32.0           M200.5                    SHR_I
     ───┤├──────────┬──( P )─────────────EN      ENO────────────
                    │                   MW108─┤IN     OUT├─MW110
                    │
                    │                   MW300─┤N
                    │
                    │                              Q0.2
                    │                            "显示数位
                    │                            数选通百"
                    └────────────────────────────( )───────
```

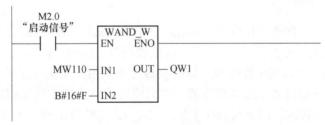

图 4-7　PLC 控制模拟量电压采样系统程序梯形图

4.2　S7-300 PLC 控制模拟量电压输出设置系统

4.2.1　课题分析

模拟量电压输出设置系统示意图如图 4-8 所示，其工艺流程和控制要求为：通过数码拨盘、数据输入按钮 SB1 输入任意个数的电压值（输入范围 0~10V，单位为 0.1V），由模拟量输出模块 FX2N—2DA 输出到电压表上反映拨盘输入的数值。当按一下显示按钮 SB2 后，由模拟量输出模块输出的是所有输入电压值的平均值，只有按了 SB3 复位按钮后，方可重新操作。复位后电压表的读数应为零。

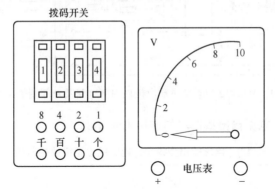

图 4-8　PLC 控制模拟量电压输出设置系统

PLC 控制模拟量电压输出设置系统 I/O 分配表，见表 4-7。

表 4-7　PLC 控制模拟量电压输出设置系统 I/O 分配表

输　入			输　出		
输入设备	输入编号	输入对应端口	输出设备	输出编号	输出对应端口
数据输入按钮	I0.0	普通按钮	拨盘位数选通信号个	Q4.0	拨盘开关个位
显示按钮	I0.1	普通按钮	拨盘位数选通信号十	Q4.1	拨盘开关十位
复位按钮	I0.2	普通按钮	拨盘位数选通信号百	Q4.2	拨盘开关百位
拨盘数码 1	I2.0	拨盘开关 1	模拟量输出	QW100	电压表+、-端口
拨盘数码 2	I2.1	拨盘开关 2			
拨盘数码 4	I2.2	拨盘开关 4			
拨盘数码 8	I2.3	拨盘开关 8			

4.2.2 模拟量输出模块

在实际使用中，经程序运算后得到的结果要先转换成与实际工程量对应的整形数，再经模拟量输出模板转换成电压、电流信号去控制现场执行机构。这样就需要在程序中调用功能块完成量程转换。S7-300 系列 PLC 提供 SM332 系列模拟量输出模板进行转换。

CPU 始终以二进制格式来处理模拟值。模拟输出模块将数字输出值转换为模拟信号。用于调节电平器输出转速、调节阀的开度等。AO4×12 位模拟量输出模块内部电路及外部端子接线图，如图 4-9 所示。

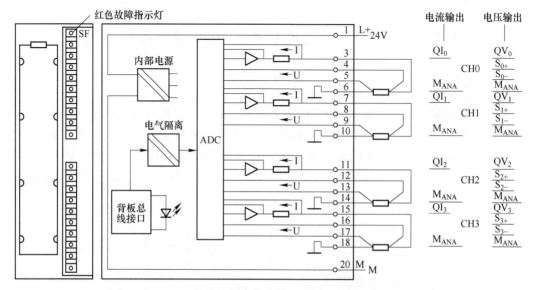

图 4-9 AO4×12 位模拟量输出模块内部电路及外部端子接线图

电压输出型模块、电流输出型模块的连接见表 4-8。

表 4-8 电压输出型模块、电流输出型模块的连接

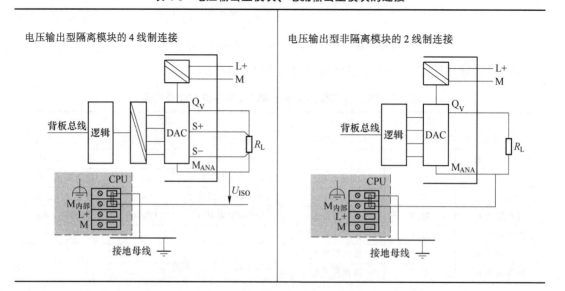

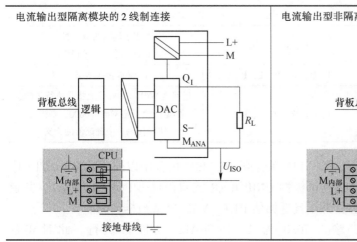

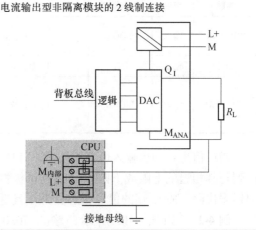

4.2.3 UNSCALE 指令

UNSCALE（FC106）功能将一个实数 REAL（IN）转换成上限、下限之间的实际的工程值（LO_LIM and HI_LIM），数据类型为整形数。结果写到 OUT。其功能块如图 4-10 所示，其各参数功能见表 4-9。

使用 UNSCALE（FC106）功能时，其转化公式如下：

$$OUT = \frac{IN - LO\_LIM}{HI\_LIM - LO\_LIM} \times (K2 - K1) + K1$$

常数 K1 和 K2 的值取决于输入值（IN）是双极性 BIPOLAR 还是单极性 UNIPOLAR。

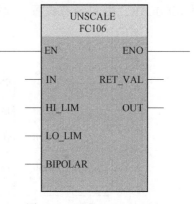

图 4-10 UNSCALE（FC106）

极性 BIPOLAR，即输出的整形数为 −27648～27648，此时 K1 = −27648.0，K2 = +27648.0。单极性 UNIPOLAR，即输出的整形数为 0～27648，此时 K1 = 0.0，K2 = +27648.0。

如果输入值在下限 LO_LIM 和上限 HI_LIM 的范围以外，输出（OUT）限位到与其相近的上限或下限值（视其单极性 UNIPOLAR 或双极性 BIPOLAR 而定），并返回错误代码。

表 4-9 UNSCALE（FC106）的参数

参数	声明	数据类型	存储区	描述
EN	输入	BOOL	I、Q、M、D、L	使能输入，高电平有效
ENO	输出	BOOL	I、Q、M、D、L	使能输出，如正确执行完毕，则为1
IN	输入	REAL	I、Q、M、D、L、P、Constant	要转换成整形数的输入值
HI_LIM	输入	REAL	I、Q、M、D、L、P、Constant	工程量上限
LO_LIM	输入	REAL	I、Q、M、D、L、P、Constant	工程量下限

参数	声明	数据类型	存 储 区	描 述
BIPOLAR	输入	BOOL	I、Q、M、D、L	1 表示输入为双极性 0 表示输入为单极性
OUT	输出	INT	I、Q、M、D、L、P	量程转换结果
RET _ VAL	输出	WORD	I、Q、M、D、L、P	返回值 W#16#0000 代表指令执行正确。 如返回值不是 W#16#0000，则需在 错误代码表中查该值的含义

错误信息：如果输入值在下限 LO _ LIM 和上限 HI _ LIM 的范围以外，输出（OUT）限位到与其相近的上限或下限值（视其单极性 UNIPOLAR 或双极性 BIPOLAR 而定），并返回错误代码。ENO 端的信号状态置为 0 且返回值 RET _ VAL 为 W#16#0008。

例 4-2 如图 4-11 所示，输入 I0.0 为 1，UNSCALE 功能被执行。此时实数 50.03978588 将被转换成 0.0 到 100.0 的工程量，再转换成整形数并写到 OUT。输入是双极性 BIPOLAR，用 I2.0 来设置。执行前后数据见表 4-10。

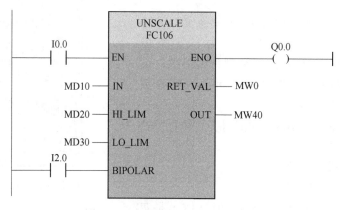

图 4-11 UNSCALE（FC106）应用

表 4-10 UNSCALE（FC106）功能执行前后数据

执 行 前		执 行 后	
IN	MD10 = 50.03978588	OUT	MW40 = 22
HI _ LIM	MD20 = 100.0		
LO _ LIM	MD30 = 0.0		
OUT	MW40 = 0		
BIPOLA R	I2.0 = TRUE		

注意：通常在一个项目都有不止一个模拟量需要转换，FC105 和 FC106 在程序中都可多次调用，调用的方法同上述例子程序。

4.2.4 PLC 控制模拟量电压输出设置系统程序设计

PLC 控制模拟量电压输出设置系统硬件接线图，如图 4-12 所示。

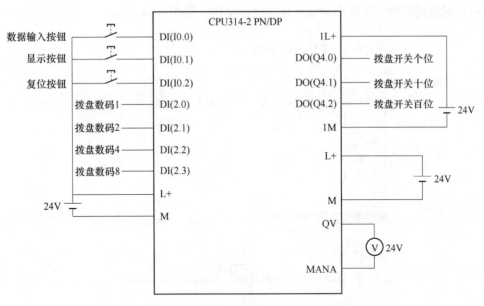

图 4-12　PLC 控制模拟量电压输出设置系统硬件接线图

PLC 控制模拟量电压输出设置系统程序流程图，如图 4-13 所示。

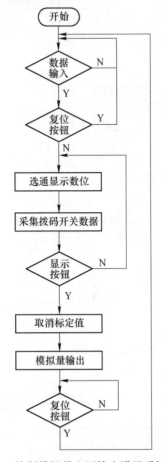

图 4-13　PLC 控制模拟量电压输出设置系统程序流程图

PLC 控制模拟量电压输出设置系统程序梯形图，如图 4-14 所示。

⊟ 程序段1：数据输入状态确定

```
       I0.0                                                          M2.0
    "数据输入      I0.1          I0.2                             "数据输入
      按钮"      "显示按钮"     "复位按钮"                          标志位"
    ──┤├──┬──────┤/├──────────┤/├─────────────────────────────( )──
       M2.0   │
    "数据输入  │
     标志位"  │
    ──┤├──────┘
```

⊟ 程序段2：移位数据设定

```
       I0.0
    "数据输入
      按钮"
    ──┤├──┬────────────┌─────────────┐
          │            │    MOVE     │
          │          ──┤EN       ENO├──
          │        8 ──┤IN      OUT├── MW300
          │            └─────────────┘
          │            ┌─────────────┐
          │            │    MOVE     │
          └────────────┤EN       ENO├──
                   1 ──┤IN      OUT├── MD10
                       └─────────────┘
```

⊟ 程序段3：显示复位

```
       I0.2
    "复位按钮"
    ──┤├────────┌─────────────┐
               │    MOVE     │
             ──┤EN       ENO├──────────────
           0 ──┤IN      OUT├── MW120
               └─────────────┘
```

⊟ 程序段4：选通显示数位

```
       M0.1          M2.0
    "时钟脉冲5      "数据输入
      Hz"           标志位"        ┌──────────────┐
                                   │   ROL_DW     │
    ──┤├──────────────┤├─────────┤EN        ENO├──────────
                                   │              │
                        MD10 ──────┤IN       OUT├── MD10
                                   │              │
                        MW300 ─────┤N             │
                                   └──────────────┘
```

⊟ 程序段5：选通拨码输入"个"位

```
                                            Q4.0
                                        "拨盘位数
                                        选通信号个"
       M10.0
    ────┤├──────────────────────────────────( )──
```

⊟ 程序段6：选通拨码输入"十"位

```
                                        Q4.1
                                      "拨盘位数
                                      选通信号十"
    M11.0                               ( )
    ──┤ ├─────────────────────────────────
```

⊟ 程序段7：选通拨码输入"百"位

```
                                        Q4.2
                                      "拨盘位数
                                      选通信号百"
    M12.0                               ( )
    ──┤ ├─────────────────────────────────
```

⊟ 程序段8：采集"个"位数据

```
    Q4.0
  "拨盘位数
  选通信号个"    M200.0    ┌──WAND_W──┐
    ──┤ ├───────( P )────┤EN    ENO├──────────────
                         │          │
                    IW1─┤IN1    OUT├─MW100
                         │          │
                 B#16#F─┤IN2       │
                         └──────────┘
```

⊟ 程序段9：采集"十"位数据

```
    Q4.1
  "拨盘位数
  选通信号十"    M200.1    ┌──WAND_W──┐              ┌───MUL_I───┐
    ──┤ ├───────( P )────┤EN    ENO├──            ┤EN     ENO├──────
                         │          │              │           │
                    IW1─┤IN1    OUT├─MW102   MW102─┤IN1    OUT├─MW104
                         │          │              │           │
                 B#16#F─┤IN2       │          10─┤IN2        │
                         └──────────┘              └───────────┘
```

⊟ 程序段10：采集"百"位数据

```
    Q4.2
  "拨盘位数
  选通信号百"    M200.2    ┌──WAND_W──┐              ┌───MUL_I───┐
    ──┤ ├───────( P )────┤EN    ENO├──            ┤EN     ENO├──────
                         │          │              │           │
                    IW1─┤IN1    OUT├─MW106   MW106─┤IN1    OUT├─MW108
                         │          │              │           │
                 B#16#F─┤IN2       │         100─┤IN2        │
                         └──────────┘              └───────────┘
```

⊟ 程序段11：求和

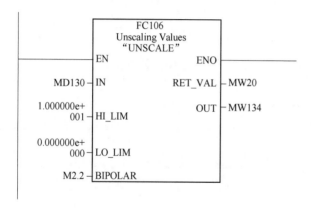

⊟ 程序段12：显示数据转换

⊟ 程序段13：取消标定值

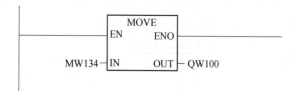

⊟ 程序段14：模拟量输出

图 4-14 PLC 控制模拟量电压输出设置系统程序梯形图

5 变频器应用技术

5.1 西门子 V20 变频器应用技术

5.1.1 课题分析

图 5-1 所示为西门子 V20 变频器接线原理图。采用 RW1 连接 V20 变频器 2 号引脚，采用带锁的按钮 SB1、SB2、SB3、SB4 分别连接 V20 变频器 8 号、9 号、10 号、11 号引脚。试分别实现 MOP 控制、开关量控制、模拟量控制以及多段速控制变频器的运行。

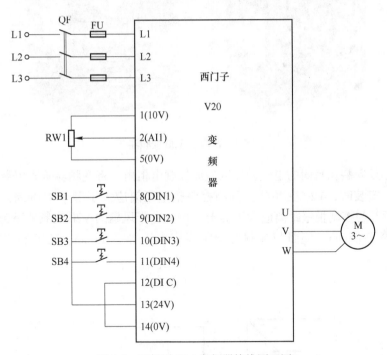

图 5-1 西门子 V20 变频器接线原理图

课题目的

（1）能对西门子 V20 变频器进行接线、安装与调试。

（2）能够采用 MOP 控制、开关量控制、模拟量控制、多段速控制西门子 V20 变频器。

课题重点

（1）西门子 V20 变频器的安装与接线。

（2）西门子 V20 变频器不同形式的控制。

课题难点

（1）模拟量控制西门子 V20 变频器。

（2）多段速控制西门子 V20 变频器。

5.1.2 西门子 V20 变频器的安装、接线

西门子 V20 变频器如图 5-2 所示。

图 5-2 西门子 V20 变频器

变频器必须安装在封闭的电气操作区域或控制电柜内。将变频器垂直安装在非易燃的平坦表面上。安装时，V20 变频器上部与控制柜壁距离应大于等于 100mm，不带风扇的 V20 变频器下部与控制柜壁距离应大于等于 100mm，带风扇的 V20 变频器下部与控制柜壁距离应大于等于 85mm，侧面与控制柜壁距离应大于等于 15mm。变频器安装示意图如图 5-3所示。

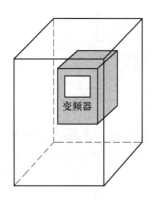
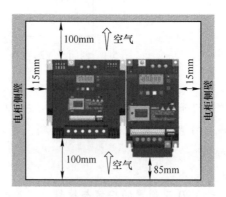

图 5-3 变频器安装示意图

穿墙式安装如图 5-4 所示。其安装步骤如下。

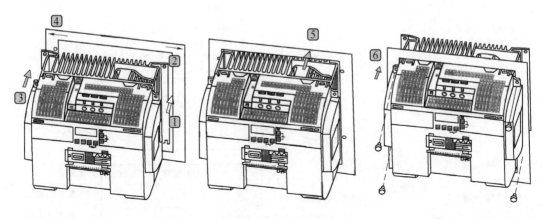

图 5-4　穿墙式安装

（1）安装外形尺寸 B 与外形尺寸 D 的 V20 变频器时，将散热器的一侧穿过电柜壁。安装外形尺寸 E 的 V20 变频器时，将散热器的右侧穿过电柜壁。

（2）调整变频器使散热器这一侧边的凹槽与开口区边缘卡合。

（3）将散热器的另一侧穿过电柜壁。

（4）调整变频器的方位，使散热器两侧开口区边缘留有足够空间以保证散热器能顺利通过开口区。

（5）将整个散热器伸至电柜外。

（6）将变频器上的 4 个安装孔与电柜壁上的开孔对齐，使用 4 个螺钉进行固定。

在 DIN 导轨上安装外形尺寸 A 的 V20 变频器，其安装示意图如图 5-5 所示。

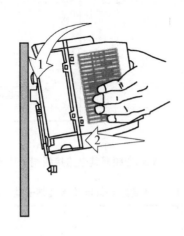

图 5-5　在 DIN 导轨上安装 V20 变频器

V20 变频器其电路接线端子功能如图 5-6 所示，其端子功能见表 5-1。

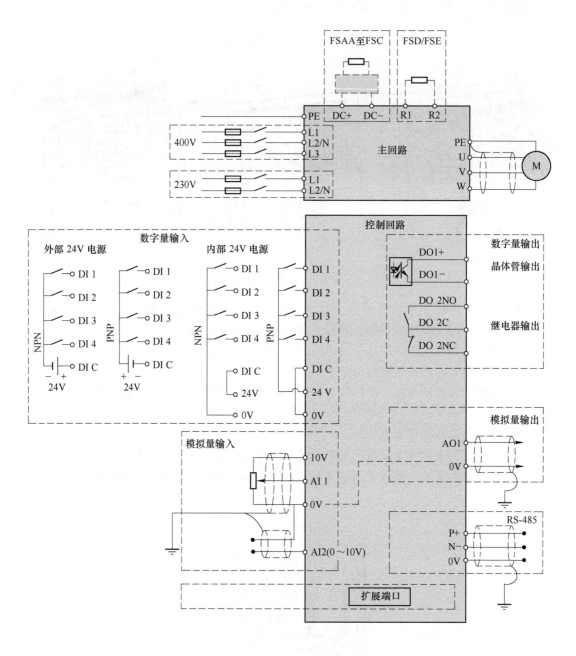

图 5-6　V20 变频器其电路接线端子功能

表 5-1　V20 变频器其电路接线端子功能表

功能	编号	端子标记	描　述
—	1	10V	以 0V 为参考的 10V 输出（在 20~30℃ 的温度范围内，公差为±2%），最大 11mA，有短路保护

功能	编号	端子标记	描 述	
模拟量输入	2 3	AI1 AI2	模式	AI1：单端双极性电流和电压模式； AI2：单端单极性电流和电压模式
			控制电路隔离	无
			电压范围	AI1：-10~10V；AI2：0~10V
			电流范围	0~20mA（4~20mA-软件可选）
			电压模式精度	在 20~30℃ 的温度范围内，全范围±1%
			电流模式精度	在 20~30℃ 的温度范围内，全范围±1%
			输入阻抗	电压模式：>30K 电流模式：235R
			精度	12 位
			断线检测	是
			阈值 0→1 （用作数字量输入）	4.0V
			阈值 1→0 （用作数字量输入）	1.6V
			响应时间 （数字量输入模式）	(4±4)ms
模拟量输出	4	AO1	模式	单端双极性电流模式
			控制电路隔离	无
			电流范围	0~20mA（4~20mA-软件可选）
			精度（0~20mA）	在 -10~60℃ 的温度范围内为±0.5mA
			输出能力	20mA 输出 500R
—	5	0V	端子 1、2、3、4、6、7 和 13 的参考电位	
—	6	P+	RS485 P+	
—	7	N-	RS485 N-	
数字量输入*	8 9 10 11	DI1 DI2 DI3 DI4	模式	PNP（低电平参考端子）； NPN（高电平参考端子）； 采用 NPN 模式时特性数值颠倒
			控制电路隔离	电位隔离
			绝对最大电压	每 50s±35V 持续 500ms
			工作电压	-3~30V
			阈值 0→1（最大值）	11V
			阈值 1→0（最小值）	5V
			输入电流（保障性关闭值）	0.6~2mA
			输入电流（最大导通值）	15mA

续表 5-1

功能	编号	端子标记	描 述	
—	—	—	兼容 2 线制接近开关	否
—	—	—	响应时间	(4±4) ms
—	—	—	脉冲列输入	否
—	12	DI C	数字量输入参考电位	
—	13	24V	以 0V 为参考的 24V 输出（公差为-15%～+20%），最大 50mA，无隔离	
—	14	0V	端子 1、2、3、4、6、7 和 13 的参考电位	
数字量输出（晶体管）	15 16	DO1+ DO1-	模式	常开型无 VDC 电压端子，有极性
			控制电路隔离	直流 500V（功能性低电压）
			端子间最大电压	± 35V
			最大负载电流	100mA
			响应时间	(4±4) ms
数字量输出（继电器）*	17 18 19	DO2NC DO2NO DO2C	模式	转换型无电压端子，无极性
			控制电路隔离	4kV（主电源 230V）
			端子间最大电压	240VAC/30VDC+10%
			最大负载电流	0.5A@ 250VAC，电阻负载； 0.5A@ 30VDC，电阻负载
			响应时间	打开：(7±7) ms 关闭：(10±9) ms

*1 扩展模块（选件）提供额外的 DI 和 DO，它们和 SINAMICSV20 变频器的 DI 和 DO 技术规格相同。

扩展模块（选件）增加了 V20 I/O 端子的数量。I/O 扩展模块接线图，如图 5-7 所示。

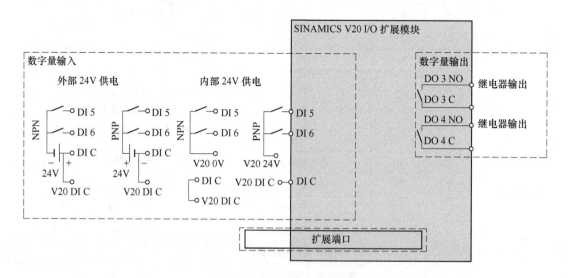

图 5-7 I/O 扩展模块接线图

V20 变频器的端子布局图，如图 5-8 所示。

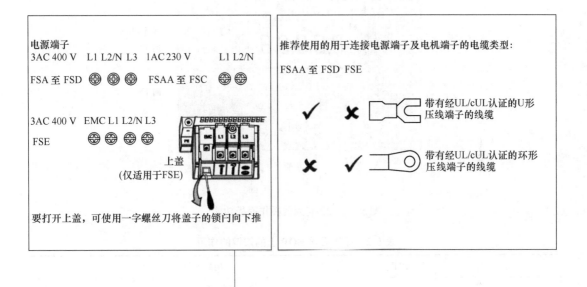

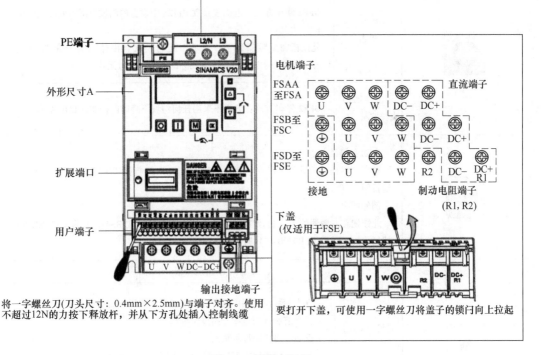

图 5-8 端子布局图

5.1.3 西门子 V20 变频器参数设置方法

V20 变频器操作面板功能如图 5-9 所示。各按键的作用见表 5-2。

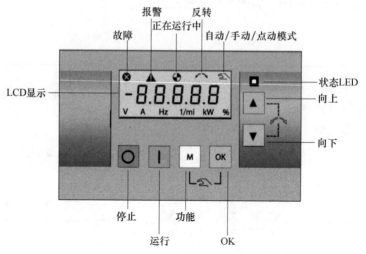

图 5-9   V20 变频器操作面板功能

表 5-2   操作面板 BOP 上的按键的作用

显示/按钮	功能	功能的说明
		停止变频器
○	单击	OFF1 停车方式：电机按参数 P1121 中设置的斜坡下降时间减速停车。 例外情况： 此按钮在变频器处于"自动"运行模式且由外部端子或 RS485 上的 USS/MODBUS 控制（P0700＝2 或 P0700＝5）时无效
	双击（<2s） 或长按（>3s）	OFF2 停车方式：电机不采用任何斜坡下降时间按惯性自由停车
I		启动变频器 　若变频器在"手动""Ⅰ""点动""Ⅰ""自动"运行模式下启动，则显示变频器运行图标（○）。 　例外情况： 　此按钮在变频器处于"自动"运行模式且由外部端子或 RS485 上的 USS/MODBUS 控制（P0700＝2 或 P0700＝5）时无效
		多功能按钮
M	短按（<2s）	·进入参数设置菜单或者转至设置菜单的下一显示画面 ·就当前所选项重新开始按位编辑 ·返回故障代码显示画面 ·在按位编辑模式下连按两次即返回编辑前画面
	长按（>2s）	·返回状态显示画面 ·进入设置菜单

显示/按钮	功能	功能的说明
OK	短按（<2s）	·在状态显示数值间切换 ·进入数值编辑模式或换至下一位 ·清除故障 ·返回故障代码显示画面
	长按（>2s）	·快速编辑参数号或参数值 ·访问故障信息数据
M + **OK**		手动/点动/自动 按下该组合键在不同运行模式间切换： $\boxed{M}+\boxed{OK}$ 自动模式 $\xrightarrow{\boxed{M}+\boxed{OK}}$ 手动模式 $\xrightarrow{\boxed{M}+\boxed{OK}}$ 点动模式 （无图标）　　（显示手形图标）　　（显示闪烁的手形图标） 说明： 只有当电机停止运行时才能启用点动模式
▲		·当浏览菜单时，按下该按钮即向上选择当前菜单下可用的显示画面 ·当编辑参数值时，按下该按钮增大数值 ·当变频器处于"运行"模式，按下该按钮增大速度 ·长按（>2s）该按钮快速向上滚动参数号、参数下标或参数值
▼		·当浏览菜单时，按下该按钮即向下选择当前菜单下可用的显示画面 ·当编辑参数值时，按下该按钮减小数值 ·当变频器处于"运行"模式，按下该按钮减小速度 ·长按（>2s）该按钮快速向下滚动参数号、参数下标或参数值
▲ + ▼		使电机反转。按下该组合键一次启动电机反转。再次按下该组合键撤销电机反转。变频器上显示反转图标 ↗ 表明输出速度与设定值相反。 　说明：在"自动"运行模式下，如果 P1113 未与默认的 BICO 参数 r0019.11 相连，那么组合键"向上+向下"无效

变频器状态图标见表 5-3。

表 5-3　变频器状态图标

⊗		变频器存在至少一个未处理故障
⚠		变频器存在至少一个未处理报警
⊕	⊕	变频器在运行中（电机转速可能为 0r/min）
	⊕（闪烁）	变频器可能被意外上电（例如，霜冻保护模式时）

续表 5-3

↗		电机反转
🤚	🤚	变频器处于"手动"模式
	🤚（闪烁）	变频器处于"点动"模式

V20 变频器菜单切换如图 5-10 所示，结构如下所述。

主菜单：显示菜单（默认显示）显示诸如频率、电压、电流、直流母线电压等重要参数的基本监控画面。

设置菜单：通过此菜单访问用于快速调试变频器的参数。

参数菜单：通过此菜单访问所有可用的变频器参数。

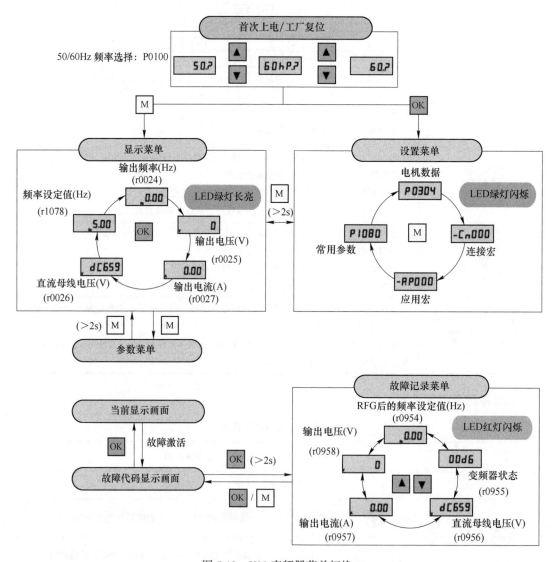

图 5-10　V20 变频器菜单切换

查看 V20 变频器状态，如图 5-11 所示。显示菜单可以显示诸如频率、电压、电流等关键参数，从而实现对变频器的基本监控。

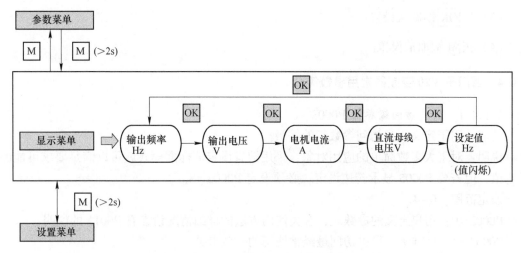

图 5-11　查看 V20 变频器状态

参数常规编辑方法适用于需要对参数号、参数下标或参数值进行较小变更的情况，如图 5-12 所示。其基本步骤如下：

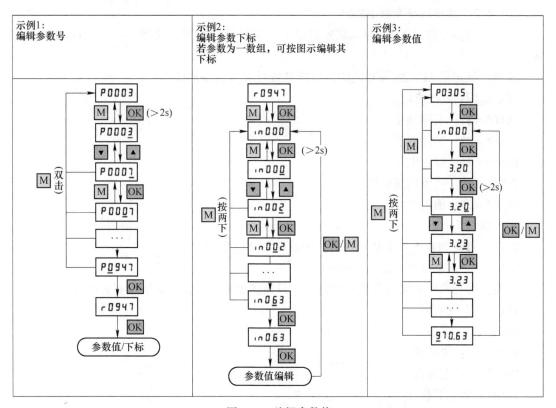

图 5-12　编辑参数值

(1) 按 ▲ 或 ▼ 键小于两秒增大或减小参数号、参数下标或参数值；

(2) 按 ▲ 或 ▼ 键大于两秒快速增大或减小参数号、参数下标或参数值；

(3) 按 OK 键确认设置；

(4) 按 M 键取消设置。

5.1.4　西门子 V20 变频器常用参数简介

5.1.4.1　用户访问级参数 P0003

功能：用于定义用户访问参数组的等级。

说明：对于大多数简单的应用对象，采用缺省设定值标准模式就可以满足要求可能的设定值，但若要 P0005 显示转速设定，必须设定 P0003 = 3。

设定范围：0~4。

P0003 = 0：用户定义的参数表，有关使用方法的详细情况请参看 P0013 的说明。

P0003 = 1：标准级，可以访问最经常使用的一些参数。

P0003 = 2：扩展级，允许扩展访问参数的范围，例如变频器的 I/O 功能。

P0003 = 3：专家级，只供专家使用。

P0003 = 4：维修级，只供授权的维修人员使用，具有密码保护。

出厂默认值：1。

5.1.4.2　显示选择参数 P0005

功能：选择参数 r0000（驱动装置的显示）要显示的参数，任何一个只读参数都可以显示。

说明：设定值 21、25 等对应的是只读参数号 r0021、r0025 等。

设定范围：2~2294。

P0005 = 21：实际频率。

P0005 = 22：实际转速。

P0005 = 25：输出电压。

P0005 = 26：直流回路电压。

P0005 = 27：输出电流。

出厂默认值：21。

注意：若要 P0005 显示转速设定，必须设定 P0003 = 3。

5.1.4.3　调试参数过滤器 P0010

功能：对与调试相关的参数进行过滤，只筛选出那些与特定功能组有关的参数。

设定范围：0~30。

P0010 = 0：准备。

P0010 = 1：快速调试。

P0010 = 2：变频器。

P0010 = 29：下载。

P0010 = 30：工厂的设定值。

出厂默认值：0。

注意：在变频器投入运行之前应设 P0010＝0。

5.1.4.4 使用地区参数 P0100

功能：用于确定功率设定值。例如，铭牌的额定功率 P0307 的单位是 kW 还是 hp。

说明：除了基准频率 P2000 以外，还有铭牌的额定频率缺省值 P0310 和最大电动机频率 P1082 的单位也都在这里自动设定。

设定范围：0~2。

P0100＝0：欧洲［kW］频率缺省值 50Hz。

P0100＝1：北美［hp］频率缺省值 60Hz。

P0100＝2：北美［kW］频率缺省值 60Hz。

出厂默认值：0。

注意：本参数只能在 P0010＝1 快速调试时进行修改。

5.1.4.5 电动机的额定电压参数 P0304

功能：设置电动机铭牌数据中额定电压。

说明：设定值的单位为 V。

设定范围：10~2000。

出厂默认值：400。

5.1.4.6 电动机额定电流参数 P0305

功能：设置电动机铭牌数据中额定电流。

说明：

（1）设定值的单位为 A；

（2）对于异步电动机，电动机电流的最大值定义为变频器的最大电流 r0209；

（3）对于同步电动机，电动机电流的最大值定义为变频器最大电流 r0209 的两倍；

（4）电动机电流的最小值定义为变频器额定电流 r0207 的 1/32。

设定范围：0.01~10000.00。

出厂默认值：3.25。

5.1.4.7 电动机额定功率参数 P0307

功能：设置电动机铭牌数据中额定功率。

说明：设定值的单位为 kW。

设定范围：0.01~2000.00。

出厂默认值：0.75。

注意：本参数只能在 P0010＝1 快速调试时进行修改。

5.1.4.8 电动机的额定功率因数参数 P0308

功能：设置电动机铭牌数据中额定功率。

说明：

（1）只能在 P0010＝1 快速调试时进行修改；

（2）当参数的设定值为 0 时将由变频器内部来计算功率因数。

设定范围：0.000~1.000。

出厂默认值：0.000。

5.1.4.9 电动机的额定频率参数 P0310

功能：设置电动机铭牌数据中额定频率。

说明：设定值的单位为 Hz。

设定范围：12.00~550.00。

出厂默认值：50。

5.1.4.10 电动机的额定转速参数 P0311

功能：设置电动机铭牌数据中额定转速。

说明：

（1）设定值的单位为 r/min；

（2）参数的设定值为 0 时，将由变频器内部来计算电动机的额定速度；

（3）对于带有速度控制器的矢量控制和 V/f 控制方式必须有这一参数值；

（4）在 V/f 控制方式下需要进行滑差补偿时，必须要有这一参数才能正常运行；

（5）如果这一参数进行了修改，变频器将自动重新计算电动机的极对数。

设定范围：0~40000。

出厂默认值：1395。

注意：本参数只能在 P0010=1 快速调试时进行修改。

5.1.4.11 选择命令源参数 P0700

功能：选择数字的命令信号源。

设定范围：0~99。

P0700=0：工厂的缺省设置。

P0700=1：BOP 键盘设置。

P0700=2：由端子排输入。

P0700=4：通过 BOP 链路的 USS 设置。

P0700=5：通过 COM 链路的 USS 设置。

P0700=6：通过 COM 链路的通信板 CB 设置。

出厂默认值：2。

注意：改变这 P0700 参数时，同时也使所选项目的全部设置值复位为工厂的缺省设置值。

5.1.4.12 数字输入 1 的功能参数 P0701

功能：选择数字输入 1（8 号引脚）的功能。

设定范围：0~99。

P0701=0：禁止数字输入。

P0701=01：接通正转/停车命令 1。

P0701=02：接通反转/停车命令 1。

P0701=010：正向点动。

P0701=011：反向点动。

P0701=012：反转。

P0701=013：MOP（电动电位计）升速（增加频率）。

P0701=014：MOP 降速（减少频率）。

P0701 = 015：固定转速位 0。

P0701 = 016：固定转速位 1。

P0701 = 017：固定转速位 2。

P0701 = 018：固定转速位 3。

出厂默认值：1。

5.1.4.13 数字输入 2 的功能参数 P0702

功能：选择数字输入 2（9 号引脚）的功能。

设定范围：0~99。

P0702 = 0：禁止数字输入。

P0702 = 01：接通正转/停车命令 1。

P0702 = 02：接通反转/停车命令 1。

P0702 = 010：正向点动。

P0702 = 011：反向点动。

P0702 = 012：反转。

P0702 = 013：MOP（电动电位计）升速（增加频率）。

P0702 = 014：MOP 降速（减少频率）。

P0702 = 015：固定转速位 0。

P0702 = 016：固定转速位 1。

P0702 = 017：固定转速位 2。

P0702 = 018：固定转速位 3。

出厂默认值：12。

5.1.4.14 数字输入 3 的功能参数 P0703

功能：选择数字输入 3（10 号引脚）的功能。

设定范围：0~99。

P0703 = 0：禁止数字输入。

P0703 = 01：接通正转/停车命令 1。

P0703 = 02：接通反转/停车命令 1。

P0703 = 09：故障确认。

P0703 = 010：正向点动。

P0703 = 011：反向点动。

P0703 = 012：反转。

P0703 = 013：MOP（电动电位计）升速（增加频率）。

P0703 = 014：MOP 降速（减少频率）。

P0703 = 015：固定转速位 0。

P0703 = 016：固定转速位 1。

P0703 = 017：固定转速位 2。

P0703 = 018：固定转速位 3。

出厂默认值：9。

5.1.4.15 数字输入 4 的功能参数 P0704

功能：选择数字输入 4（11 号引脚）的功能。

设定范围：0~99。

P0704＝0：禁止数字输入。

P0704＝01：接通正转/停车命令 1。

P0704＝02：接通反转/停车命令 1。

P0704＝09：故障确认。

P0704＝010：正向点动。

P0704＝011：反向点动。

P0704＝012：反转。

P0704＝013：MOP（电动电位计）升速（增加频率）。

P0704＝014：MOP 降速（减少频率）。

P0704＝015：固定转速位 0。

P0704＝016：固定转速位 1。

P0704＝017：固定转速位 2。

P0704＝018：固定转速位 3。

出厂默认值：15。

5.1.4.16 选择命令源 P0840

功能：允许使用 BICO 选择 ON/OFF1 命令源。冒号前的数字表示命令源的参数号；冒号后的数字表示该参数的位设置。

典型设定：

P0840＝1025.0 变频器以所选的固定转速启动。

出厂默认值：19.0。

5.1.4.17 频率设定值的选择参数 P1000

功能：设置选择频率设定值的信号源。

设定范围：0~66。

P1000＝1：MOP 设定值。

P1000＝2：模拟设定值。

P1000＝3：固定频率。

出厂默认值：2。

5.1.4.18 MOP 设定值 P1040

功能：定义电动电位计控制（P1000＝1）的设定值。

设定范围：−550.00~550.00。

出厂默认值：5.00。

5.1.4.19 最低频率参数 P1080

功能：本参数设定最低的电动机运行频率。

说明：设定值的单位为 Hz。

设定范围：0.00~550.00。

出厂默认值：0.00。

5.1.4.20 最高频率参数 P1082

功能：本参数设定最高的电动机运行频率。

说明：设定值的单位为 Hz。

设定范围：0.00~550.00。

出厂默认值：50.00。

5.1.4.21 斜坡上升时间参数 P1120

功能：斜坡函数曲线不带平滑圆弧时，电动机从静止状态加速到最高频率 P1082 所用的时间。

说明：如果设定的斜坡上升时间太短就有可能导致变频器跳闸过电流。

设定范围：0.00~550.00。

出厂默认值：10.00。

5.1.4.22 斜坡下降时间参数 P1121

功能：斜坡函数曲线不带平滑圆弧时，电动机从最高频率 P1082 减速到静止停车所用的时间。

说明：如果设定的斜坡下降时间太短就有可能导致变频器跳闸过电流、过电压。

设定范围：0.00~550.00。

出厂默认值：10.00。

5.1.4.23 固定频率 1~15 参数 P1001~P1015

功能：定义固定频率 1~15 的设定值。

说明：设定值的单位为 Hz。

设定范围：-550.00~550.00。

5.1.4.24 固定频率模式 P1016

功能：可以用两种不同的方式选择固定频率，通过 P1016 可定义方式。

设定范围：

P1016=1：直接选择。

P1016=2：二进制选择。

出厂默认值：1。

5.1.4.25 固定频率选择位 0 参数 P1020

功能：定义固定频率选择位 0 的数据源。

设定范围：

P1020=722.0 数字量输入 1。

P1020=722.1 数字量输入 2。

P1020=722.2 数字量输入 3。

P1020=722.3 数字量输入 4。

出厂默认值：722.3。

5.1.4.26 固定频率选择位 1 参数 P1021

功能：定义固定频率选择位 1 的数据源。

设定范围：

P1021=722.0 数字量输入 1。

P1021 = 722.1 数字量输入 2。

P1021 = 722.2 数字量输入 3。

P1021 = 722.3 数字量输入 4。

出厂默认值：722.4。

5.1.4.27　固定频率选择位 2 参数 P1022

功能：定义固定频率选择位 2 的数据源。

设定范围：

P1022 = 722.0 数字量输入 1。

P1022 = 722.1 数字量输入 2。

P1022 = 722.2 数字量输入 3。

P1022 = 722.3 数字量输入 4。

出厂默认值：722.5。

5.1.4.28　固定频率选择位 3 参数 P1023

功能：定义固定频率选择位 3 的数据源。

设定范围：

P1023 = 722.0 数字量输入 1。

P1023 = 722.1 数字量输入 2。

P1023 = 722.2 数字量输入 3。

P1023 = 722.3 数字量输入 4。

出厂默认值：722.6。

5.1.4.29　变频器的控制方式参数 P1300

功能：控制电动机的速度和变频器的输出电压之间的相对关系。

设定范围：

P1300 = 0 线性特性的 V/f 控制。

P1300 = 1 带磁通电流控制（FCC）的 V/f 控制。

P1300 = 2 带抛物线特性（平方特性）的 V/f 控制。

P1300 = 3 特性曲线可编程的 V/f 控制。

P1300 = 4 ECO（节能运行）方式的 V/f 控制。

P1300 = 5 用于纺织机械的 V/f 控制。

P1300 = 6 用于纺织机械的带 FCC 功能的 V/f 控制。

P1300 = 19 具有独立电压设定值的 V/f 控制。

P1300 = 20 无传感器的矢量控制。

P1300 = 21 带有传感器的矢量控制。

P1300 = 22 无传感器的矢量—转矩控制。

P1300 = 23 带有传感器的矢量—转矩控制。

5.1.5　西门子 V20 变频器的各种控制形式

5.1.5.1　将变频器复位为工厂的缺省设定值

设定 P0010 = 30

设定 P0970 = 1　　　恢复出厂设置。

大约需要 10s 才能完成复位的全部过程，将变频器的参数复位为工厂的缺省设置值。

5.1.5.2　设置电机参数

P0010 = 1　　　快速调试。

P0003 = 2　　　用户访问等级为扩展级。

P0100 = 0　　　功率用［kW］，频率默认为 50Hz。

P0304 = 380　　电动机额定电压［V］。

P0305 = 1.12　电动机额定电流［A］。

P0307 = 0.37　电动机额定功率［kW］。

P0310 = 50　　电动机额定功率［Hz］。

P0311 = 1400　电动机额定转速［r/min］。

P1300 = 0　　　线性特性的 V/f 控制。

5.1.5.3　面板控制方式

P0700 = 1　　　选择由键盘输入设定值（选择命令源）。

P1000 = 2　　　选择由模拟量输入设定值。

P1000 = 1　　　选择由键盘（电动电位计）输入设定值。

P1080 = 0　　　最低频率。

P1082 = 50　　最高频率。

P1120 = 上升时间。

P1121 = 下降时间。

P0010 = 0　　　准备运行。

P1032 = 0　　　允许反向。

P1040 = 30　　设定键盘控制的设定频率。

在变频器的操作面板上按下运行键，变频器就将驱动电机在 P1120 所设定的上升时间升速，并运行在由 P1040 所设定的频率值上。

如果需要，可直接通过操作面板上的增加键或减少键来改变电动机的运行频率及旋转方向。通过增加键或减少键改变电动机的运行频率会改变 P1040 所设定的频率值。

在变频器的操作面板上按下停止键，变频器就将驱动电机在 P1121 所设定的下降时间驱动电机减速至零。

5.1.5.4　数字量输入设定控制方式

P700 = 2　　　命令源选择"由端口输入"。

P1000 = 1　　　选择由键盘（电动电位计）输入设定值。

P1080 = 0　　　最低频率。

P1082 = 50　　最高频率。

P1120 = 5　　　斜坡上升时间。

P1121 = 5　　　斜坡下降时间。

P0010 = 0　　　准备运行。

P0701 = 1　　　ON 接通正转，OFF 停止。

P1032 = 0　　　允许反向。

P1040 = 30　设定键盘控制的设定频率。

P1058 = 10　正向点动频率为 10Hz。

P1059 = 8　反向点动频率为 8Hz。

P1060 = 5　点动斜坡上升时间为 5s。

P1061 = 5　点动斜坡下降时间为 5s。

按下带锁按钮 SB1 (8 号引脚) 接通, 变频器就将驱动电机正转, 在 P1120 所设定的上升时间升速, 并运行在由 P1040 所设定的频率值上。断开 SB1 (8 号引脚), 则变频器就将驱动电机在 P1121 所设定的下降时间驱动电机减速至零。

将 P0701 设置为 2, 按下带锁按钮 SB1 (8 号引脚) 接通, 变频器就将驱动电机反转, 在 P1120 所设定的上升时间升速, 并运行在由 P1040 所设定的频率值上。断开 SB1 (8 号引脚), 则变频器就将驱动电机在 P1121 所设定的下降时间驱动电机减速至零。

将 SB1 换为不带锁的按钮, 将 P0701 设置为 10, 按下按钮 SB1 (8 号引脚) 接通, 变频器就将驱动电机正转点动, 在 P1060 所设定的点上升时间升速, 并运行在由 P1058 所设定的频率值上。断开 SB1 (8 号引脚), 则变频器就将驱动电机在 P1061 所设定的点动下降时间驱动电机减速至零。

将 SB1 换为不带锁的按钮, 将 P0701 设置为 11, 按下按钮 SB1 (8 号引脚) 接通, 变频器就将驱动电机反转点动, 在 P1060 所设定的点上升时间升速, 并运行在由 P1059 所设定的频率值上。断开 SB1 (8 号引脚), 则变频器就将驱动电机在 P1061 所设定的点动下降时间驱动电机减速至零。

将 P0701 设置为 0, 则按下 SB1 按钮无效。

也依次将 P0701 替换为 P0702、P0703、P0704, 则外部控制交由 SB2 (9 号)、SB3 (10 号)、SB4 (11 号) 控制。

可分别设置 P0701、P0702、P0703、P0704 则外部控制由 SB1 (8 号)、SB2 (9 号)、SB3 (10 号)、SB4 (11 号) 分别做不同功能的控制。

5.1.5.5　模拟量频率的控制方式

P700 = 2　命令源选择"由端口输入"。

P1000 = 2　选择由模拟量输入设定值。

P1080 = 0　最低频率。

P1082 = 50　最高频率。

P1120 = 5　斜坡上升时间。

P1121 = 5　斜坡下降时间。

P0010 = 0　准备运行。

P0701 = 1　ON 接通正转, OFF 停止。

P2000 = 50　基准频率设定为 50Hz。

按下带锁按钮 SB1 (8 号引脚) 接通, 则变频器便使电动机的转速由外接电位器 RW1 控制。断开 SB1 (8 号引脚), 则变频器就将驱动电动机减速至零。

按下带锁按钮 SB1 (8 号引脚) 接通, 长按 Ⓜ 按钮返回状态显示界面, 变频器显示当前 RW1 控制的转速, 可通过 Ⓞ 按钮分别显示, 直流环节电压、输出电压、输出电流、频率、转速循环切换。

5.1.5.6 多段固定频率的控制方式

P700 = 2	命令源选择"由端口输入"。
P1000 = 3	选择由多段速输入设定值。
P1080 = 0	最低频率。
P1082 = 50	最高频率。
P1120 = 5	斜坡上升时间。
P1121 = 5	斜坡下降时间。
P0010 = 0	准备运行。
P0701 = 15	固定转速位 0。
P0702 = 16	固定转速位 1。
P0703 = 17	固定转速位 2。
P0704 = 18	固定转速位 3。
P0840 = 1025.0	变频器以所选的固定转速启动。
P1001 =	第一段固定频率。
P1002 =	第二段固定频率。
P1003 =	第三段固定频率。
P1004 =	第四段固定频率。
P1005 =	第五段固定频率。
P1016 = 2	二进制选择。
P1020 = 722.0	固定频率选择位 0。
P1021 = 722.1	固定频率选择位 1。
P1022 = 722.2	固定频率选择位 2。
P1023 = 722.3	固定频率选择位 3。

按下 SB1（8 号引脚）、SB2（9 号引脚）、SB3（10 号引脚）、SB4（11 号引脚）不同组合方式，选择 P1001~P10015 所设置的频率。

注意：将 P0701~P0704 参数分别设置为 15、16、17、18。此时，可通过 SB1、SB2、SB3、SB4 分别控制 8 号、9 号、10 号、11 号引脚，以二进制编码选择输出的频率，且选择固定频率时既有选定的固定频率又带有启动命令，把它们组合在一起。使用这种方法最多可以选择 15 个固定频率，各个固定频率的数值的选择方式见表5-4。

表 5-4 二进制编码选择固定频率表

固定频率（存放代码）	11 号（P0704 = 17）	10 号（P0703 = 17）	9 号（P0702 = 17）	8 号（P0701 = 17）
FF1（P1001）	0	0	0	1
FF2（P1002）	0	0	1	0
FF3（P1003）	0	0	1	1
FF4（P1004）	0	1	0	0
FF5（P1005）	0	1	0	1
FF6（P1006）	0	1	1	0
FF7（P1007）	0	1	1	1
FF8（P1008）	1	0	0	0

续表 5-4

固定频率（存放代码）	11号（P0704=17）	10号（P0703=17）	9号（P0702=17）	8号（P0701=17）
FF9（P1009）	1	0	0	1
FF10（P1010）	1	0	1	0
FF11（P1011）	1	0	1	1
FF12（P1012）	1	1	0	0
FF13（P1013）	1	1	0	1
FF14（P1014）	1	1	1	0
FF15（P1015）	1	1	1	1
OFF（停止）	0	0	0	0

断开 SB1（8号引脚）、SB2（9号引脚）、SB3（10号引脚）、SB4（11号引脚）则电动机减速为0，停止运行。

按下带锁按钮 SB1（8号引脚）、SB2（9号引脚）、SB3（10号引脚）、SB4（11号引脚）组合接通，长按 M 按钮返回状态显示界面，变频器显示当前控制的转速，可通过 OK 按钮分别显示直流环节电压、输出电压、输出电流、频率、转速循环切换。

5.2 三菱 FR-E740 变频器应用技术

5.2.1 课题分析

图 5-13 所示为三菱 FR-E740 变频器接线原理图。试对该变频器进行安装、接线，实现 PU 控制、开关量控制、模拟量控制以及多段速控制。

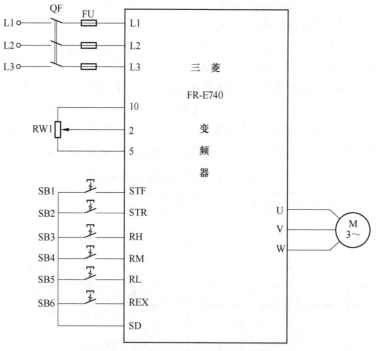

图 5-13 三菱 FR-E740 变频器接线原理图

课题目的

（1）能对三菱 FR-E740 变频器进行接线、安装与调试。

（2）能够采用 PU 控制、开关量控制、模拟量控制、多段速控制三菱 FR-E740 变频器。

课题重点

（1）三菱 FR-E740 变频器的安装与接线。

（2）三菱 FR-E740 变频器不同形式的控制。

课题难点

（1）模拟量控制三菱 FR-E740 变频器。

（2）多段速控制三菱 FR-E740 变频器。

5.2.2 三菱 FR-E740 变频器的安装、接线

三菱 FR-E740 变频器如图 5-14 所示。

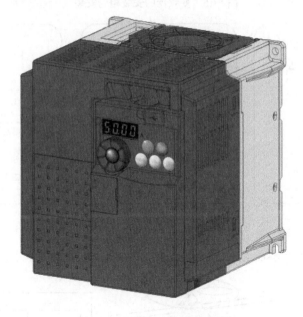

图 5-14 三菱 FR-E740 变频器

变频器的安装柜内安装时，取下前盖板和配线盖板后进行固定，变频器应正确垂直规范地安装在壁面，不能以水平或其他方式安装，如图 5-15 所示。

变频器安装时，应确保足够的安装空间，并选择相应的冷却方式。在环境温度 40℃ 以下使用时可以密集安装（0 间隔），环境温度若超过 40℃，变频器横向周边空间应在 1cm 以上（5.5K 以上应为 5cm 以上），如图 5-16 所示。

安装多个变频器时，要并列放置，安装后采取冷却措施，且应垂直安装变频器，如图 5-17所示。内置在变频器单元中的小型风扇会使变频器内部的热量从下往上上升，因此如果要在变频器上部配置器件，应确保该器件即使受到热的影响也不会发生故障。

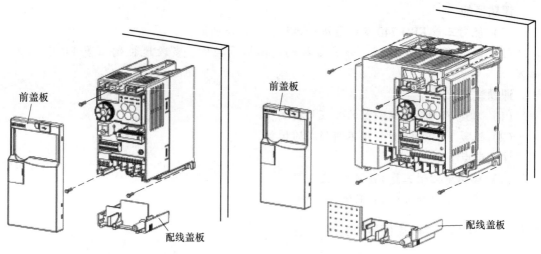

FR-E720S-01K-04K-CHT   FR-E740-0.4K-CHT以上FR-E720S-0.75K-CHT以上

图 5-15 变频器的安装柜内安装

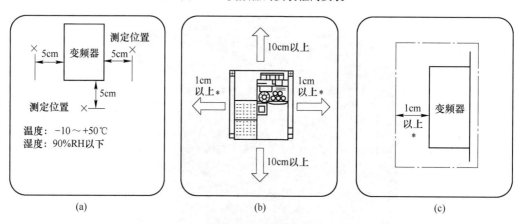

图 5-16 安装变频器

（a）环境温度和湿度；（b）确保周边空间（正面）；（c）确保周边空间（侧面）

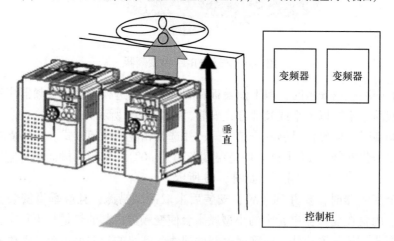

图 5-17 横向安装多个变频器

　　因控制柜内空间较小而不得不进行纵向摆放时，由于下部变频器的热量会引起上部变频器的温度上升，从而导致变频器故障，因此应采取安装防护板等措施，如图 5-18 所示。另外，在同一个控制柜内安装多台变频器时，应注意换气、通风或是将控制柜的尺寸做得大一点，以保证变频器周围的温度不会超过容许值范围。

　　变频器内部产生的热量通过冷却风扇的冷却成为暖风从单元的下部向上部流动。安装风扇进行通风时，应考虑风的流向，决定换气风扇的安装位置，如图 5-19 所示。风会从阻力较小的地方通过。应制作风道或整流板等确保冷风吹向变频器。

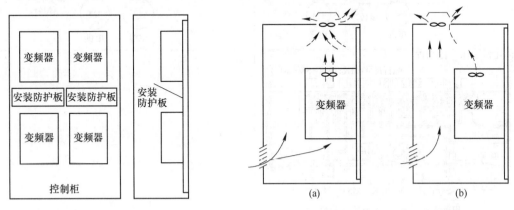

图 5-18　纵向安装多个变频器

图 5-19　决定换气风扇的安装位置
（a）合理的方式；（b）不合理的方式

　　FR-E740 变频器主电路接线端子功能如图 5-20 所示。单相输入主回路接线端子中，L1、N 为电源输入，三相输入主回路接线端子中，L1、L2、L3 为电源输入，连接工频电源。U、V、W 为变频器输出，接三相鼠笼电机。+、PR 制动电阻器连接，在端子+和 PR 间连接选购的制动电阻器（FR-ABR、MRS 型）。+、-为制动单元连接，连接制动单元（FR-BU2）共直流母线变流器（FR-CV）以及高功率因数变流器（FR-HC）。+、P1 为直流电抗器连接，拆下端子+和 P1 间的短路片，连接直流电抗器。⏚为接地，变频器外壳接地用必须接大地。

　　三相输入 FR-E740 主电路端子的端子排列与电源、电机的接线，如图 5-21 所示。

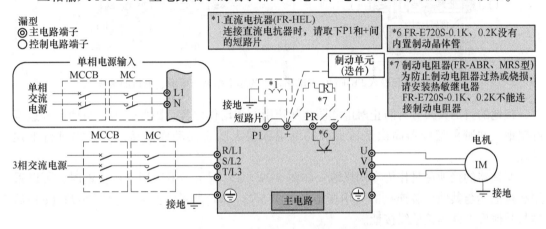

图 5-20　三菱 FR-E740 变频器主电路

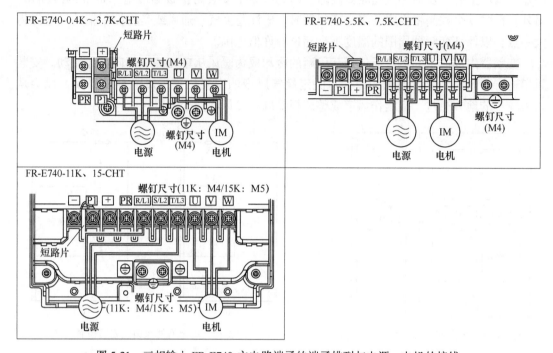

图 5-21 三相输入 FR-E740 主电路端子的端子排列与电源、电机的接线

单相输入 FR-E740 主电路端子的端子排列与电源、电机的接线，如图 5-22 所示。

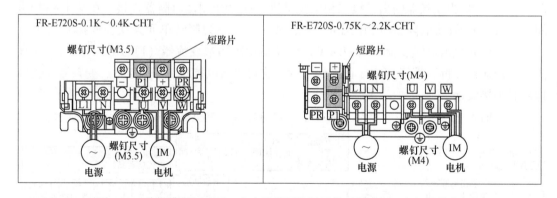

图 5-22 单相输入 FR-E740 主电路端子的端子排列与电源、电机的接线

接地的目的大致分为防止触电和防止噪声引起误动作两类。因此，为了明确区分这两种接地，并避免变频器高次谐波成分的漏电流侵入防止误动作的接地，必须进行下述处理。

变频器的接地尽量作为专用接地，如图 5-23（a）所示。不采用专用接地时，可以采用在接地端与其他设备连接的共用接地，如图 5-23（b）所示。必须避免图 5-23（c）那样与其他设备共用接地线接地。

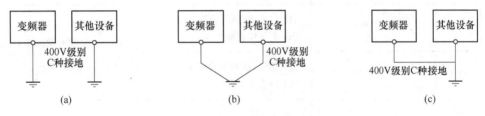

图 5-23 接地方式

（a）专用接地；（b）共用接地；（c）共用接地

接线端子功能如图 5-24 所示。输入控制回路接线端子功能见表 5-5。输出控制回路接线端子功能见表 5-6，通信信号接口功能见表 5-7。

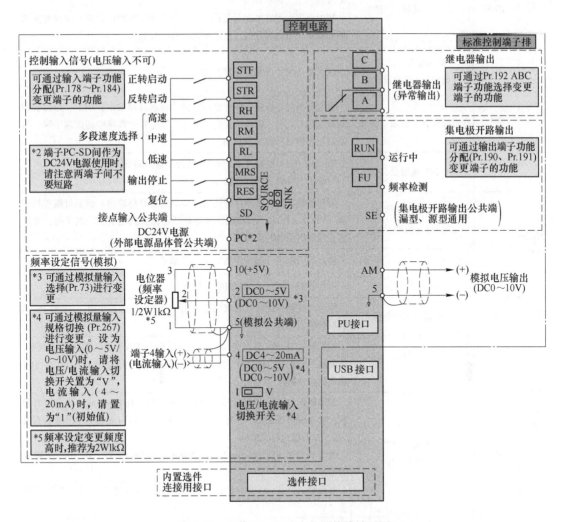

图 5-24 三菱 FR-E740 变频器接线端子图

表 5-5 输入信号控制端子功能

端子记号		端子名称	内 容	
接点输入	STF	正转启动	STF 信号 ON 时为正转。 OFF 时为停止指令	STF、STR 信号同时为 ON 时为停止
	STR	反转启动	STR 信号 ON 时为反转。 OFF 时为停止指令	
	RH RM RL	多段速度选择	可根据端子 RH、RM、RL 信号的短路组合，进行多段速度的选择	
	MRS	输出停止	MRS 信号 ON（20ms 或以上）时，变频器输出停止。 用电磁制动器停止电机时用于断开变频器的输出	
	RES	复位	用于解除保护电路动作时的报警输出。请使 RES 信号处于 ON 状态 0.1s 或以上，然后断开。 初始设定为始终可进行复位。但进行了 Pr.75 的设定后，仅在变频器报警发生时可进行复位。复位所需时间约为 1s	
	SD	接点输入公共端 （漏型）（初始设定）	接点输入端子（漏型逻辑）的公共端子	
		外部晶体管公共端（源型）	源型逻辑时当连接晶体管输出（即集电极开路输出）例如：可编程控制器（PLC）时，将晶体管输出用的外部电源公共端接到该端子时，可以防止因漏电引起的误动作	
		DC 24V 电源公共端	DC 24V 0.1A 电源（端子 PC）的公共输出端子。 与端子 5 及端子 SE 绝缘	
公共端电源	PC	外部晶体管公共端 （漏型）（初始设定）	漏型逻辑时当连接晶体管输出（即集电极开路输出）例如可编程控制器（PLC）时，将晶体管输出用的外部电源公共端接到该端子时，可以防止因漏电引起的误动作	
		接点输入公共端（源型）	接点输入端子（源型逻辑）的公共端子	
		DC 24V 电源	可作为 DC 24V、0.1A 的电源使用	
频率设定	10	频率设定用的电源	作为外部频率设定（速度设定）用电位器时的电源使用。（参照 Pr.73 模拟量输入选择）	
	2	频率设定 （电压信号）	如果输入 DC 0~5V（或 0~10V），在 5V（10V）时为最大输出频率，输入输出成正比。通过 Pr.73 进行 DC 0~5V（初始设定）和 DC 0~10V 输入的切换操作	
	4	频率设定 （电流信号）	如果输入 DC 4~20mA（或 0~5V，0~10V），在 20mA 时为最大输出频率，输入输出成正比。只有 AU 信号为 ON 时端子 4 的输入信号才会有效（端子 2 的输入将无效）。 通过 Pr.267 进行 4~20mA（初始设定）和 DC 0~5V、DC 0~10V 输入的切换操作。 电压输入（0~5V/0~10V）时，可将电压/电流输入切换开关切换至"V"	
	5	频率设定公共端	频率设定信号（端子 2 或 4）及端子 AM 的公共端子。请勿接大地	

表 5-6 输出信号控制端子功能

种类	端子记号	端子名称	内　　容
继电器	A B C	继电器输出 （异常输出）	指示变频器因保护功能动作时输出停止的 1c 接点输出 异常时：B—C 间不导通（A—C 间导通） 正常时：B—C 间导通（A—C 间不导通）
集电极开路	运行	变频器正在运行	变频器输出频率大于或等于启动频率（初始值 0.5Hz）时为低电平，已停止或正在直流制动时为高电平。 低电平表示集电极开路输出用的晶体管处于 ON（导通状态）。高电平表示处于 OFF（不导通状态）
	SE	集电极开路 输出公共端	端子 RUN、FU 的公共端子
模拟	AM	模拟电压 输出	可以从多种监示项目中选一种作为输出。变频器复位中不被输出。输出信号与监示项目的大小成比例

表 5-7 通信信号接口功能

种类	端子记号	端子名称	内　　容
RS-485	—	PU 接口	通过 PU 接口，可进行 RS-485 通信 ·标准规格：EIA-485（RS-485） ·传输方式：多站点通信 ·通信速率：4800~38400bit/s ·总长距离：500m
USB	—	USB 接口	与个人电脑通过 USB 连接后，可以实现 FR Configurator 的操作 ·接口：USB1.1 标准 ·传输速度：12Mbit/s ·连接器：USB 迷你-B 连接器（插座迷你-B 型）

　　输入信号出厂设定为漏型逻辑（SINK）。为了切换控制逻辑，需要切换控制端子上方的跨接器，如图 5-25 所示。可使用镊子或尖嘴钳在未通电的情况进行跨接器的转换。例如将漏型逻辑（SINK）上的跨接器转换至源型逻辑（SOURCE）上。

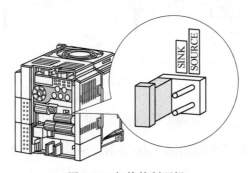

图 5-25　切换控制逻辑

漏型逻辑端子 PC 作为公共端的端子时按图 5-26 所示进行接线。变频器的 SD 端子请勿与外部电源的 0V 端子连接。另外，把端子 PC-SD 间作为 DC 24V 电源使用时，变频器的外部不可以设置并联的电源。有可能会因漏电流而导致误动作。

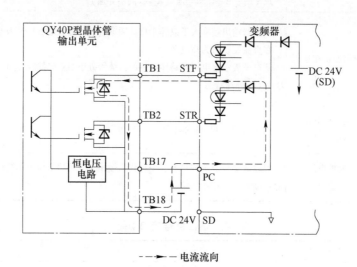

图 5-26 漏型逻辑接线

源型逻辑端子 SD 作为公共端的端子时请按图 5-27 所示进行接线。变频器的 PC 端子请勿与外部电源的 +24V 端子连接。另外，把端子 PC-SD 间作为 DC 24V 电源使用时，变频器的外部不可以设置并联的电源。有可能会因漏电流而导致误动作。

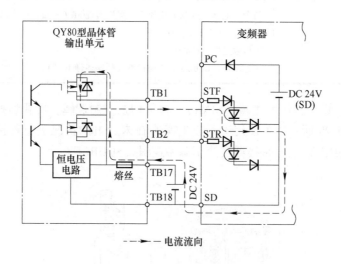

图 5-27 源型逻辑接线

FR-E740 变频器接线端子分布如图 5-28 所示，推荐采用 $0.3 \sim 0.75 \text{mm}^2$ 规格电线进行接线。

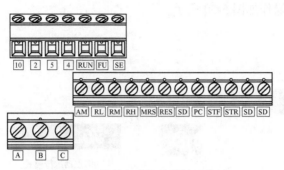

图 5-28   控制电路端子的端子排列

5.2.3   三菱 FR-E740 变频器参数设置方法

FR-E740 变频器操作面板功能如图 5-29 所示。

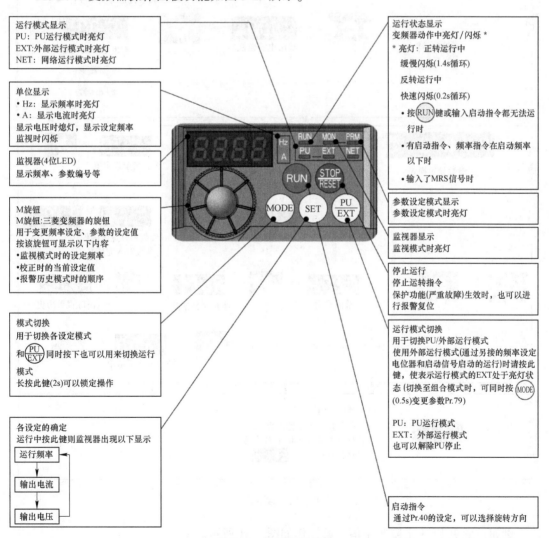

图 5-29   操作面板功能

操作面板的基本操作如图 5-30 所示。

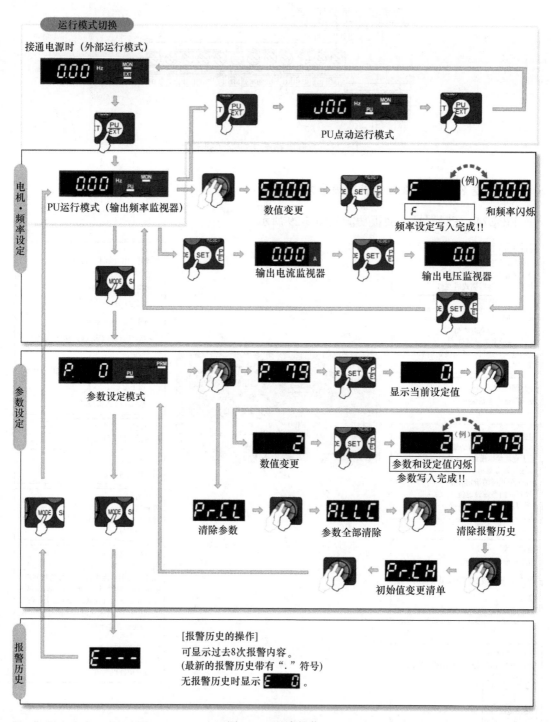

图 5-30 基本操作

例如：变更 Pr. 1 上限频率值，其操作如图 5-31 所示。

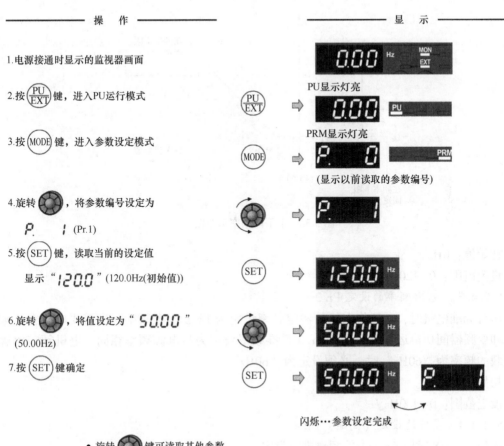

图 5-31 变更 Pr. 1 上限频率值

5.2.4 三菱 FR-E740 变频器常用参数简介

5.2.4.1 设定上限频率 Pr. 1

在 Pr. 1 上限频率中设定输出频率的上限。即使输入的频率指令在设定频率以上，输出频率也将固定为上限频率，如图 5-32 所示。

初始值：120Hz。

设定范围：0~120Hz。

5.2.4.2 设定下限频率 Pr. 2

在 Pr. 2 下限频率中设定输出频率的下限。即使设定频率在 Pr. 2 以下，输出频率也将固定在 Pr. 2 的设定值上（不会低于 Pr. 2 的设定）。

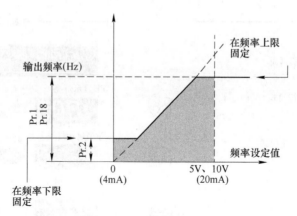

图 5-32 上下限频率示意图

初始值：0Hz。

设定范围：0~120Hz。

5.2.4.3 基准频率的设定 Pr.3

运行标准电机时，一般将电机的额定频率设定为 Pr.3 基准频率。当需要电机在工频电源和变频器间切换运行时，请将 Pr.3 基准频率设定为与电源频率相同。电机额定铭牌上记载的频率为 "60Hz" 时，必须设定为 "60Hz"。

初始值：50Hz。

设定范围：0~400Hz。

5.2.4.4 多段速设定（高速）Pr.4

RH 信号-ON 时以 Pr.4 中的频率进行设定。

初始值：50Hz。

设定范围：0~400Hz。

5.2.4.5 多段速设定（中速）Pr.5

RM 信号-ON 时以 Pr.5 中的频率进行设定。

初始值：30Hz。

设定范围：0~400Hz。

5.2.4.6 多段速设定（低速）Pr.6

RL 信号-ON 时以 Pr.6 中的频率进行设定。

初始值：10Hz。

设定范围：0~400Hz。

5.2.4.7 多段速设定（4~15 速）Pr.24~Pr.27、Pr.232~Pr.239

在多段速设定参数 Pr.24~Pr.27、Pr.232~Pr.239 中，设定多段速设定第 4~15 速。

初始值：9999。

设定范围：0~400Hz，9999。

5.2.4.8 加速时间 Pr.7

用于设定电机的加速时间。需要慢慢加速时请将加速时间设定得长一些，需要快速加速时则设定得短一些，其关系如图 5-33 所示。

初始值：0.5s。

设定范围：0~3600/3600s。

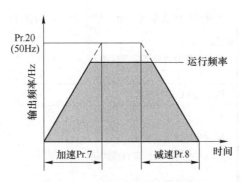

图 5-33 加减速时间曲线与参数

5.2.4.9 减速时间 Pr.8

用于设定电机的减速时间。需要慢慢减速时请将减速时间设定得长一些，需要快速减速时则设定得短一些，其关系如图 5-33 所示。

初始值：0.5s。

设定范围：0~3600/3600s。

5.2.4.10 点动频率 Pr.15

点动时的运行频率在 Pr.15 中设置。

初始值：5Hz。

设定范围：0~400Hz。

5.2.4.11 点动加减速时间 Pr.16

点动运行时的加减速时间在 Pr.16 中设置。加减速时间是指加、减速到 Pr.20 加减速基准频率中设定的频率（初始值为 50Hz）的时间，加减速时间不能分别设定。

初始值：0.5s。

设定范围：0~3600/3600s。

5.2.4.12 加减速基准频率 Pr.20

用于可以改变加减速时间的设定单位与设定范围。

初始值：50Hz。

设定范围：1~400Hz。

5.2.4.13 运行模式选择 Pr.79

选择变频器的运行模式。可以任意变更通过外部指令信号执行的运行（外部运行）、通过操作面板以及 PU（FR-PU07/FR-PU04-CH）执行的运行（PU 运行）、PU 运行与外部运行组合的运行（外部/PU 组合运行）、网络运行（使用 RS-485 通信或通信选件时）。其功能见表 5-8。

表 5-8　运行模式选择 Pr.79 参数表

参数编号	名称	初始值	设定范围	内　容	LED 显示　■:灭灯　□:亮灯
79	运行模式选择	0	0	外部/PU 切换模式, 通过 (PU/EXT) 键可以切换 PU 与外部运行模式。 接通电源时为外部运行模式	外部运行模式 EXT PU 运行模式 PU
			1	固定为 PU 运行模式	PU
			2	固定为外部运行模式。 可以在外部、网络运行模式间切换运行	外部运行模式 EXT 网络运行模式 NET
			3	外部/PU 组合运行模式 1 <table><tr><td>频率指令</td><td>启动指令</td></tr><tr><td>用操作面板、PU (FR-PU04-CH/FR-PU07) 设定或外部信号输入 (多段速设定、端子 4-5 间 (AU 信号 ON 时有效))</td><td>外部信号输入 (端子 STF、STR)</td></tr></table>	PU EXT
			4	外部/PU 组合运行模式 2 <table><tr><td>频率指令</td><td>启动指令</td></tr><tr><td>外部信号输入 (端子 2、4、JOG、多段速选择等)</td><td>通过操作面板的 (RUN) 键、PU (FR-PU04-CH/FR-PU07) 的 FWD、REV 键来输入</td></tr></table>	
			6	切换模式 可以在保持运行状态的同时, 进行 PU 运行、外部运行、网络运行的切换	PU 运行模式 PU 外部运行模式 EXT 网络运行模式 NET
			7	外部运行模式 (PU 运行互锁) X12 信号 ON: 　可切换到 PU 运行模式 　(外部运行中输出停止) X12 信号 OFF: 　禁止切换到 PU 运行模式	PU 运行模式 PU 外部运行模式 EXT

注: 与运行模式无关, 上述参数在停止中也能进行变更。

5.2.5 三菱 FR-E740 变频器的各种控制形式

5.2.5.1 三菱 FR-E740 变频器参数复位

设定 Pr.CL 参数清除、ALLC 参数全部清除 = "1", 可使参数恢复为初始值。注意：如果设定 Pr.77 参数写入选择 = "1", 则无法清除。其操作方式如图 5-34 所示。

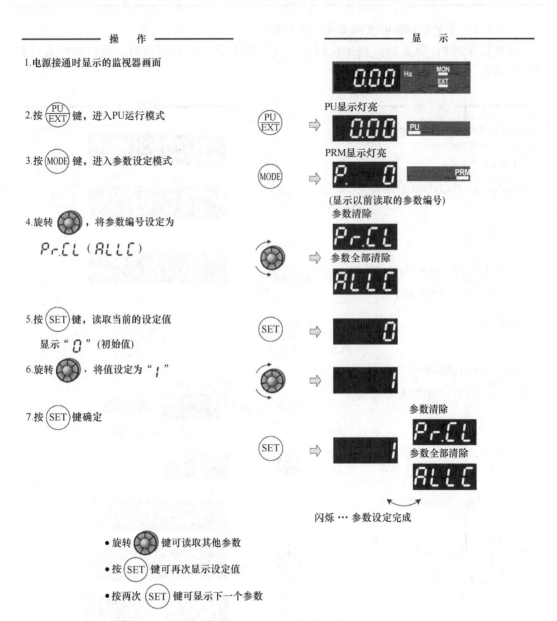

图 5-34 变频器参数复位

5.2.5.2 设置电机参数

通过设置电机参数可使变频器充分按照预设参数工作在最佳状态, 常用电机参数见表5-9。

表 5-9　常用电机参数

参数号	名　称	设定范围	最小设定单位	初始值
Pr. 80	电机容量	0.1~7.5kW、9999	0.01kW	9999
Pr. 83	电机额定电压	0~1000V	0.1V	400V
Pr. 84	电机额定频率	10~120Hz	0.01Hz	50Hz

5.2.5.3　三菱 FR-E740 变频器 PU 控制操作

通过操作面 PU 设置为点动运行模式。仅在按下启动按钮时运行。面板操作方式如图5-35 所示。

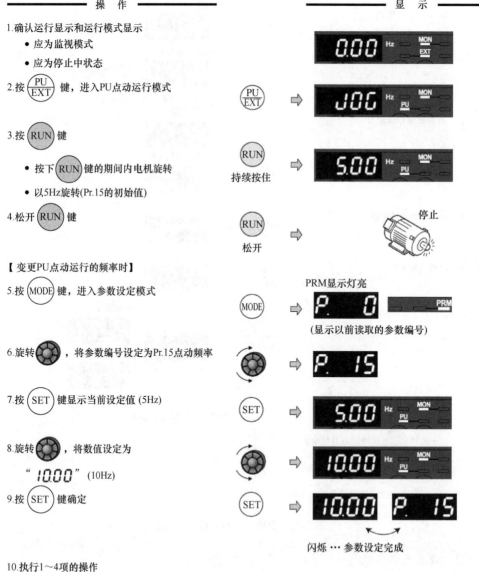

图 5-35　面板操作方式

5.2.5.4 开关量控制操作

外部进行点动控制接线图如图 5-36 所示。该功能能够设定点动运行用的频率和加减速时间，通常可以用于运输机械的位置调整和试运行等。点动信号 ON 时通过启动信号（STF、STR）启动、停止。点动运行选择所使用的端子，可通过将 Pr. 178 ~ Pr. 182（输入端子功能选择）设定为"5"来分配功能。其控制时序图如图 5-37 所示。

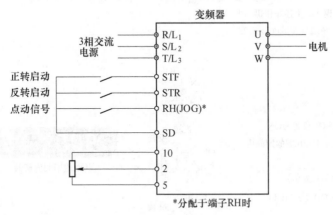

图 5-36 外部进行点动控制接线图

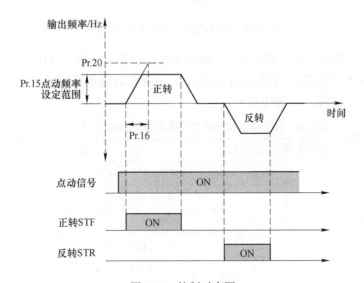

图 5-37 控制时序图

外部进行点动控制操作步骤如图 5-38 所示。其点动频率通过 Pr. 15，上升时间通过 Pr. 16 设置。想要变更运行频率时，可设置 Pr. 15 点动频率（初始值"5Hz"）。想要变更加减速时间时，可设置 Pr. 16 点动加减速时间（初始值"0.5s"）。注意点动加速时间和减速时间不可分开设定。

5.2.5.5 模拟量控制操作

模拟的频率设定输入信号可以是电压及电流信号。可以调整参数控制模拟量输入端子的规格、输入信号来切换正转、反转的功能，见表 5-10。模拟量电压输入端子 2 可以选择

——————— 操 作 ———————

——————— 显 示 ———————

1. 电源接通时显示

• 请确认处于外部运行模式（【EXT】亮灯）

若不是显示为[EXT]，请使用 键设

为外部[EXT]运行模式。上述操作仍不能

切换运行模式时，请通过参数Pr.79设为

外部运行模式

2. 将点动开关设置为ON

3. 将启动开关(STF或STR)设置为ON

• 启动开关(STF或STR)为ON的期间内

电机旋转

• 以5Hz旋转(Pr.15的初始值)

4. 将启动开关(STF或STR)设置为OFF

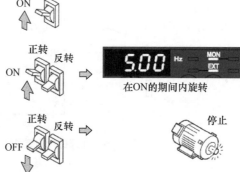

图 5-38 外部进行点动控制操作步骤

0~5V（初始值）或0~10V。模拟量输入端子4可以选择电压输入（0~5V、0~10V）或电流输入（4~20mA 初始值）。使用端子4时，必须确保参数和开关的设定一致。设定不一致可能导致异常、故障、误动作发生。

表 5-10　调整参数控制模拟量输入端子的规格、输入信号

参数号	名称	初始值	设定范围	内　　容	
Pr. 73	模拟量输入选择	1	0	端子 2 输入 0~10V	无可逆运行
			1	端子 2 输入 0~5V	
			10	端子 2 输入 0~10V	有可逆运行
			11	端子 2 输入 0~5V	
Pr. 267	端子 4 输入选择	0	0	配合电压/电流输入切换开关	端子 4 输入 4~20mA
			1		端子 4 输入 0~5V
			2		端子 4 输入 0~10V

A　电压输入（10，2，5）

用 DC 0~5V（或 DC 0~10V）在频率设定输入端子 2—5 输入频率设定输入信号。端子 2—5 输入 5V（10V）时输出频率为最大。电源可使用变频器内置电源或外部电源，使用内置电源时端子 10—5 输出 DC 5V。

用 DC 0~5V 运行时，把 Pr.73 设定为 "1" 或 "11"，则为 DC 0~5V 输入。内置电源使用端子 10，接线方式如图 5-39 所示。

用 DC 0~10V 运行时，把 Pr. 73 设定为 "0" 或 "10"，则为 DC 0~10V 输入，接线方式如图 5-40 所示。

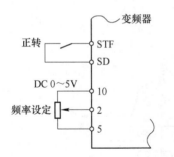
图 5-39 使用端子 2 进行 DC 0~5V 运行

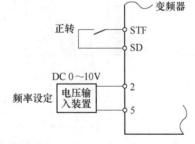
图 5-40 使用端子 2 进行 DC 0~10V 运行

B 电流输入 (4, 5, AU)

当 AU 信号为 ON 时端子 4 输入有效。将端子 4 设为电压输入规格时，可将 Pr. 267 设定为 "1 (DC 0~5V)" 或 "2 (DC 0~10V)"，将电压/电流输入切换开关置于 "V"。在应用于风扇、泵等恒温、恒压控制时，将调节器的输出信号 DC 4~20mA 输入端子 4—5，可实现自动运行，如图 5-41 所示。

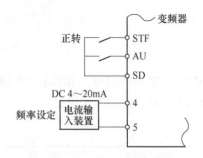
图 5-41 使用端子 4 进行 DC 4~20mA 运行

5.2.5.6 多段速控制

三菱 FR-E740 变频器通过多段速选择端子 REX、RH、RM、RL 与 SD 之间的短路组合，外部指令正转启动信号最大可达 15 速，外部指令反转启动时，最大可选择 7 速，如图 5-42 所示。通过启动信号端子 STF (STR)-SD 之间短路可实现图 5-43 所示的多段速运行。

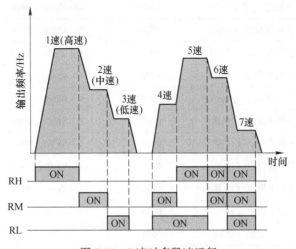
图 5-42 7 速时多段速运行

用操作面板或参数单元可任意设定表 5-11 所示的各种速度 (频率)。把 Pr. 63 "STR 端子功能选择" 的设定值变为 "8"，即将 "STR 端子功能" 设定为 "REX" 信号功能，

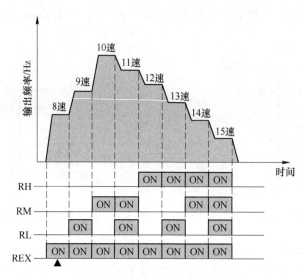

图 5-43 8~15 速时多段速运行

定义 15 速选择信号（REX）。多段速运行比主速度设定信号（DC 0~5V，0~10V，4~20mA）具有控制的优先级。

表 5-11 多段速设定

参数编号	名 称	初始值	设定范围	内容
Pr. 4	多段速设定（高速）	50Hz	0~400Hz	RH-ON 时的频率
Pr. 5	多段速设定（中速）	30Hz	0~400Hz	RM-ON 时的频率
Pr. 6	多段速设定（低速）	10Hz	0~400Hz	RL-ON 时的频率
Pr. 24	多段速设定（4 速）	9999	0~400Hz、9999	
Pr. 25	多段速设定（5 速）	9999	0~400Hz、9999	
Pr. 26	多段速设定（6 速）	9999	0~400Hz、9999	
Pr. 27	多段速设定（7 速）	9999	0~400Hz、9999	
Pr. 232	多段速设定（8 速）	9999	0~400Hz、9999	通过 RH、RM、RL、
Pr. 233	多段速设定（9 速）	9999	0~400Hz、9999	REX 信号的组合可以
Pr. 234	多段速设定（10 速）	9999	0~400Hz、9999	进行 4~15 段速度的
Pr. 235	多段速设定（11 速）	9999	0~400Hz、9999	频率设定。
Pr. 236	多段速设定（12 速）	9999	0~400Hz、9999	9999：未选择
Pr. 237	多段速设定（13 速）	9999	0~400Hz、9999	
Pr. 238	多段速设定（14 速）	9999	0~400Hz、9999	
Pr. 239	多段速设定（15 速）	9999	0~400Hz、9999	

图 5-44 所示为多段速运行的接线方式。

注意：连接频率设定器时，如果多段速选择信号为 ON，则频率设定器的输入信号被视为无效（4~20mA 输入信号时也同样）。反转启动时 Pr. 63 = "- - -"（出厂值），应把端子 STR 的信号设定为有效。

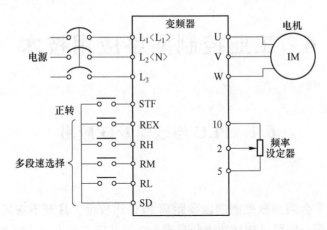

图 5-44　多段速运行的接线

6　工业控制网络应用技术

6.1　PLC 与远程 I/O 应用

6.1.1　课题分析

在生产现场常常会遇到被控制的设备距离 PLC 比较远，甚至不在同一个车间里的情况。要解决这类问题一般可以选择使用分布式 I/O 设备来实现现场控制室与被控设备的远程信号采集或驱动。其次分布式 I/O 设备的理论基础简单，工程应用方便可靠，整套系统设计方便，同时网络和硬件可以自由分配，灵活变通。下面将介绍一种由 PLC 远程控制传输带电机系统，如图 6-1 所示。

控制要求：某车间运料传输带分为两段，由两台电动机分别驱动。按启动按钮，电动机 M2 开始运行并保持连续工作，被运送的货品前进。当货品被传感器 SQ2 检测到，启动电动机 M1 运载货品前进。当货品被传感器 SQ1 检测到，延时 3s 后电动机 M1 停止。上述过程不断进行，直到按下停止按钮，传送电动机 M2 立刻停止。

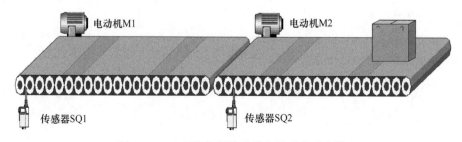

图 6-1　PLC 远程控制传输带电机系统示意图

课题目的

(1) 能根据 PLC 远程控制传输带电机系统各模块的硬件型号，完成系统硬件组态。

(2) 能够根据控制要求，使用梯形图编程语言完成功能程序设计。

课题重点

(1) 能够绘制 PLC 远程控制传输带电机系统的分布式 I/O 接线图，并进行线路的安装接线。

(2) 能掌握 PLC 与分布式 I/O 的硬件组态方法。

课题难点

(1) 能掌握西门子 S7-1500 PLC 的位逻辑运算、定时器操作等常用指令。

(2) 能结合控制要求对 PLC 远程控制传输带电机系统进行仿真调试。

6.1.2 S7-1500 PLC 与 ET200SP 的 PROFINET I/O 通信及其应用

6.1.2.1 PROFINET I/O 介绍

PROFINET I/O 主要用于模块化、分布式控制，通过以太网直接连接现场设备。PROFINET I/O 是全双工点到点方式，一个 I/O 控制器最多可以和 512 个 I/O 设备进行点到点通信，按照设定的更新时间双方对等发送数据。一个 I/O 设备的被控对象只能被一个控制器控制。在共享 I/O 控制设备模式下，一个 I/O 站点上不同的 I/O 模块或同一个 I/O 模块中的通道都可以被最多 4 个 I/O 控制器共享，但输出模块只能被一个 I/O 控制器控制，其他控制器可以共享信号状态信息。由于访问机制是点到点的方式，SIMATIC S7-1500 PLC 的以太网接口可以作为 I/O 控制器连接 I/O 设备，又可以作为 I/O 设备连接到上一级控制器。

6.1.2.2 PROFINET I/O 应用实例

根据控制要求实现 PLC 远程控制两台传输带电机，本课题选用的 S7-1500 PLC 与分布式 I/O 模块 ET200 SP 都带有 PROFINET 接口。系统各硬件型号见表 6-1，以太网硬件配置如图 6-2 所示，I/O 分配表见表 6-2。

表 6-1 系统硬件型号

模 块	型 号	订货号
CPU 模块	CPU1516F -3PN/DP	6ES7 516-3FN01-0AB0
本地数字量输入模块	DI 16 x DC 24V	6ES7 521-1BH00-0AB0
ET200SP 接口模块	IM 155-6 PN HF	6ES7 155-6AU00-0CN0
远程数字量输入模块	DI 8 x DC 24V HF	6ES7 131-6BF00-0CA0
远程数字量输出模块	DQ 8 x DC 24V/0.5A HF	6ES7 132-6BF00-0CA0

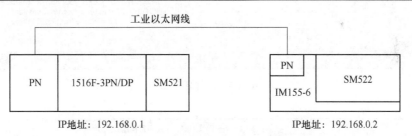

图 6-2 工业以太网通信硬件配置图

表 6-2 I/O 分配表

输 入		输 出	
输入设备	输入编号	输出设备	输出编号
启动	I0.0	电动机 M1	Q4.0
停止	I0.1	电动机 M2	Q4.1
传感器 SQ1	I4.0		
传感器 SQ2	I4.1		

A PLC 硬件组态

新建项目后，在 TIA 博途软件项目视图的项目树中，双击"添加新设备"按钮，先添加 CPU 模块"CPU1516F-3PN/DP",如图 6-3 所示。配置 CPU 后,双击右侧硬件目录中的 DI 模块,将 DI 16xDC 24V 添加到 CPU 模块右侧的 2 号槽中,如图 6-4 所示。

图 6-3 添加新设备

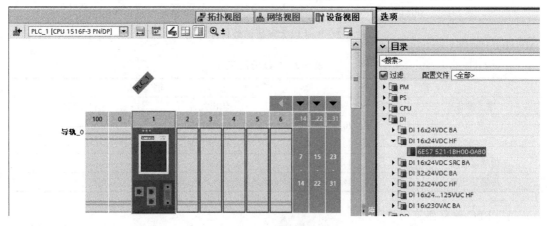

图 6-4 硬件配置

B PLC 的 IP 地址设置

先选中 PLC S7-1516F 的"设备视图"选项卡,再选中 CPU1516F-3PN/DP 模块绿色的 PN 接口,单击"属性"→"PROFINET 接口 [X1]"→"以太网地址"→设置 IP 地址,如图 6-5 所示。

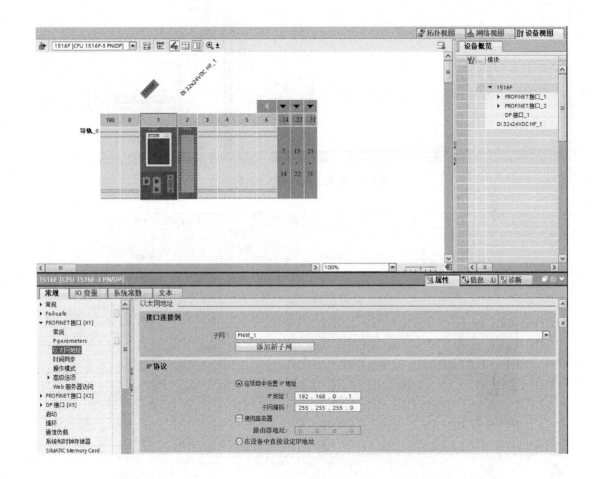

图 6-5 IP 地址设置

C 分布式 I/O 模块硬件组态

在 TIA 博途软件项目视图的项目树中,先选中"网络视图"选项卡,点开"硬件目录"→"分布式 I/O"→"ET200SP"→"接口模块"→"PROFINET"→"IM155-6PNHF",双击"6ES7 155-6AU00-0CN0"模块将其加入工作区,如图 6-6 所示。

添加 IM155-6PN HF 模块后,再选中"设备视图"选项卡,点开"硬件目录"→"DI8 x DC 24V HF"与"DQ8 x DC 24V/0.5A HF",双击"6ES7 131-6BF00-0CA0"与"6ES7 132-6BF00-0CA0"模块将它们插入到 IM155-6 PNHF 模块右侧的 1 号与 2 号槽位中,并启用新电位组,如图 6-7 所示。

图 6-6　插入 IM155-6PN HF 模块

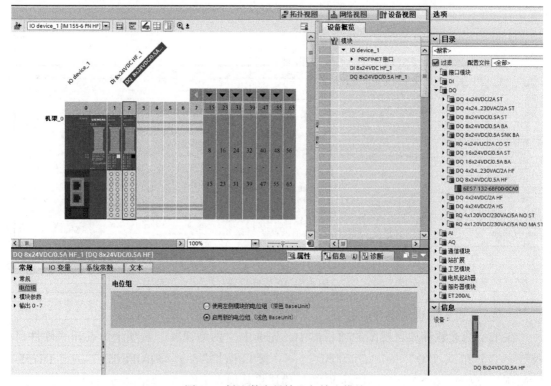

图 6-7　插入数字量输入与输出模块

D　PN/IE 网络连接

选中 IM155-6PN HF 模块，单击"未分配"选项，选中"1516F. PROFINET 接口_1"并再次单击，如图 6-8 所示。最后完成 PROFINET 网络连接，如图 6-9 所示。

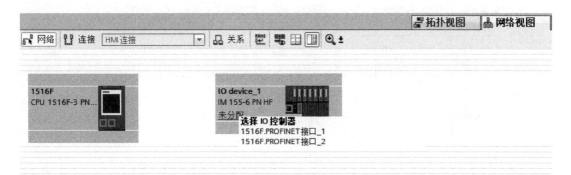

图 6-8　建立 PROFINET 网络连接

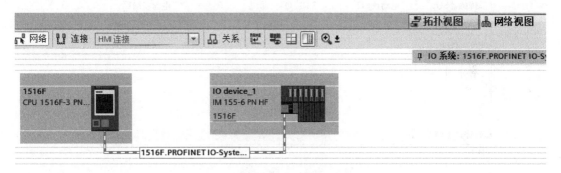

图 6-9　PROFINET 网络连接完成

E　建立变量表

在 TIA 博途软件项目视图项目树的"PLC 变量"中，选中并打开"显示所有变量"，新建变量，如图 6-10 所示。

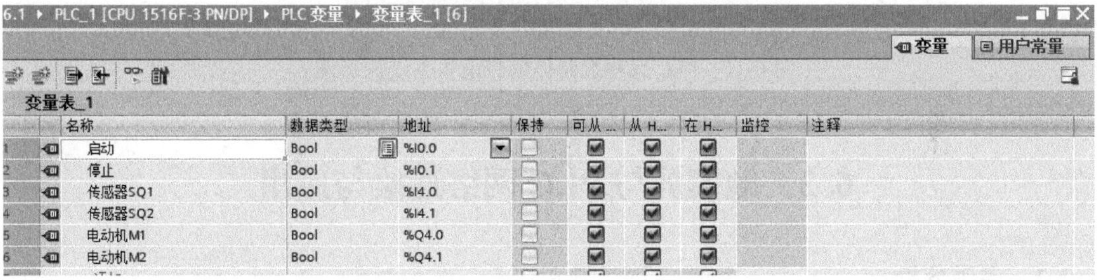

		名称	数据类型	地址	保持	可从…	从 H…	在 H…	监控	注释
1		启动	Bool	%I0.0		☑	☑	☑		
2		停止	Bool	%I0.1		☑	☑	☑		
3		传感器SQ1	Bool	%I4.0		☑	☑	☑		
4		传感器SQ2	Bool	%I4.1		☑	☑	☑		
5		电动机M1	Bool	%Q4.0		☑	☑	☑		
6		电动机M2	Bool	%Q4.1		☑	☑	☑		

图 6-10　新建变量表

F　编写控制程序

系统控制程序只需要在 PLC 控制器的程序块中进行编写，I/O 设备中不需要编写程序，控制程序如图 6-11 所示。

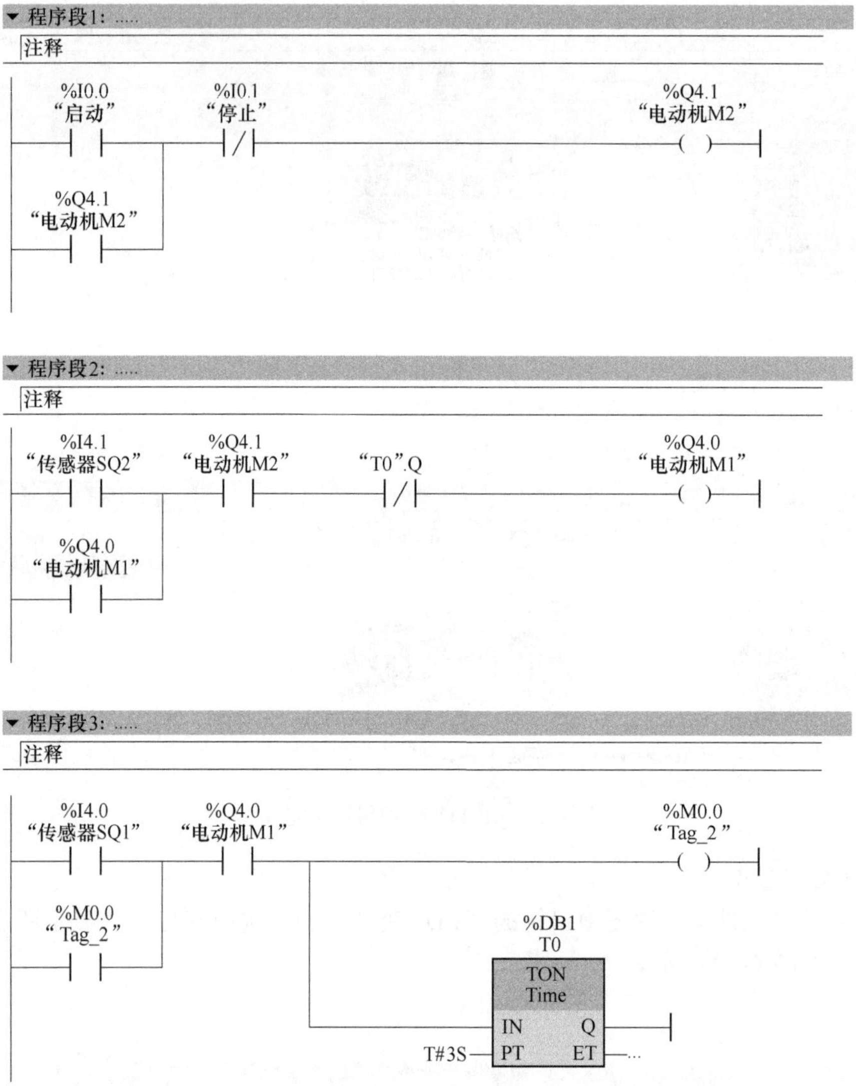

图 6-11　PLC 远程控制传输带电机系统梯形图

6.2　触摸屏与 PLC 网络连接与应用

6.2.1　课题分析

触摸屏又称人机接口，英文缩写 HMI，一般特指用于操作员与控制系统之间进行对话和相互作用的专用设备。目前，触摸屏已经在工业控制领域得到了广泛应用。下面将介绍一种基于工业以太网实现 PLC 与触摸屏远程控制监控传输带系统。PLC 控制要求与 6.1.1 课题一致，示意图如图 6-12 所示。

触摸屏功能要求：

（1）能控制和显示电动机的启动和停止；

（2）能显示系统时间，并实现 PLC 与 HMI 时间同步。

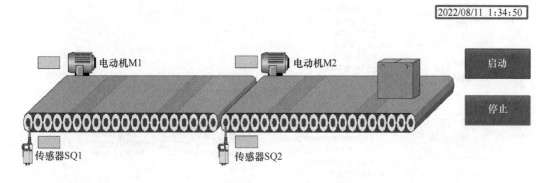

图 6-12　PLC 与触摸屏远程控制监控传输带系统示意图

课题目的

（1）能根据系统各模块的硬件型号，完成系统硬件组态。

（2）能够绘制远程控制监控传输带系统界面，实现人机交互功能。

课题重点

（1）能完成 PLC 与触摸屏的工业以太网网络数据通信连接设置。

（2）能掌握西门子触摸屏的常用函数。

课题难点

（1）能掌握触摸屏各类控件与对象元素的使用。

（2）能结合控制要求对 PLC 与触摸屏远程控制监控传输带系统进行仿真调试。

6.2.2　S7-1500 与 TP 1500 PROFINET 通信及其应用

6.2.2.1　西门子触摸屏介绍

西门子触摸屏的产品比较丰富，从低端到高端，品种齐全。目前在售的产品主要有精简系列面板（Basic）、精智系列面板（Comfort）及移动式面板。

本书使用的西门子 TP 1500Comfort Panel 是高端 HMI 设备，其配有以太网接口，适用于 PROFINET 环境，与 PLC 进行通信非常便捷。

6.2.2.2　PLC 与触摸屏远程控制监控传输带系统创建步骤

A　系统硬件组态

PLC 的硬件组态与 6.1.2 应用基本一致，本书不再赘述。触摸屏的组态可在 TIA 博途软件项目视图项目树中，选中并双击"添加新设备"选项，选中"HMI"→"HMI"→"SIMATIC 精智面板"→"15″显示屏"→"TP1500 精智面板"→"6AV2 124-0QC02-0AX1"，最后单击"确定"按钮，弹出 HMI 设备向导界面，如图 6-13 所示。单击"浏览"按钮，在弹出的界面中选择"PLC_1"，单击"√"按钮，最后单击"完成"按钮，PLC 和 HMI 的连接创建完成，如图 6-14 所示。

图 6-13　添加 HMI 设备

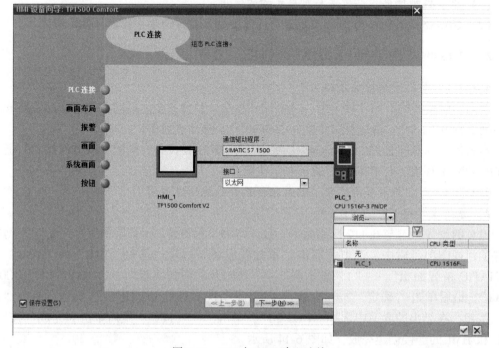

图 6-14　PLC 与 HMI 建立连接

B 新建 HMI 变量

在 TIA 博途软件项目视图项目树的"HMI 变量"中，选中并打开"显示所有变量"，新建变量，如图 6-15 所示。

	名称 ▲	变量表	数据类型	连接	PLC 名称
◄□	传感器SQ1	变量表_1	Bool	HMI_连接_1	PLC_1
◄□	传感器SQ2	变量表_1	Bool	HMI_连接_1	PLC_1
◄□	电动机M1	变量表_1	Bool	HMI_连接_1	PLC_1
◄□	电动机M2	变量表_1	Bool	HMI_连接_1	PLC_1
◄□	启动	变量表_1	Bool	HMI_连接_1	PLC_1
◄□	停止	变量表_1	Bool	HMI_连接_1	PLC_1

图 6-15 新建 HMI 变量

C 编写控制程序

控制程序可参照 6.1.2 应用图 6-11。

D 新建 HMI 画面与控件组态

（1）在 TIA 博途软件项目视图项目树的"画面"中，选中并双击"添加新画面"，新建"画面 1"。

（2）将两个按钮、七个符号库、四个矩形框和一个日期与时间域拖拽到根画面，并修改其文本属性，如图 6-16 所示。

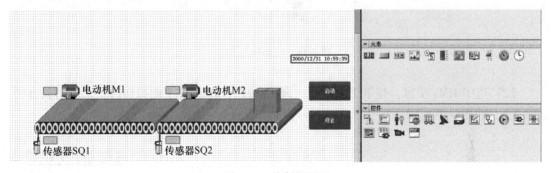

图 6-16 绘制根画面

（3）选中画面中的"启动"按钮，再选中"属性"→"事件"→"按下"，系统函数为"按下按键时置位位"，将变量与"启动"关联，如图 6-17 所示。当按下启动按钮，变量"启动"置位，当释放启动按钮时，变量"启动"复位。停止按钮与启动按钮设置方式一致。

（4）选中画面"电动机 M2"旁的电动机运行指示框，再选中"属性"→"动画"，双击"添加新动画"选项，选择"外观"，如图 6-18 所示，将变量与"电动机 M2"关联。当"电动机 M2"值为 0 时，其背景颜色为灰色，代表没有启动；当"电动机 M2"值为 1 时，其背景颜色为绿色，代表启动。电动机 M1 的运行指示框与电动机 M2 的运行指示框设置方式一致。

E 仿真运行

（1）先保存和编译项目，选中 PLC 项目，按下工具栏的"▣"按钮，启动 PLC 仿真器，再将 PLC 程序下载到仿真器中，然后运行仿真器。

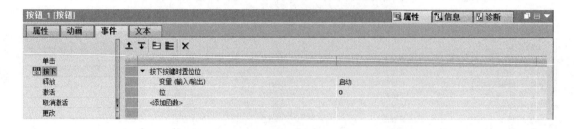

图 6-17　按钮组态

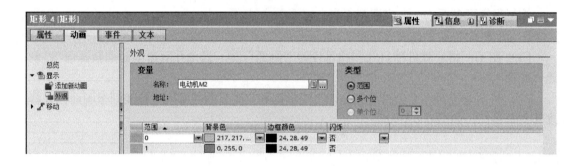

图 6-18　矩形框组态

（2）选中 HMI 项目，按下工具栏的"　"按钮，HMI 处于模拟运行状态，仿真器模拟运行，如图 6-19 所示。

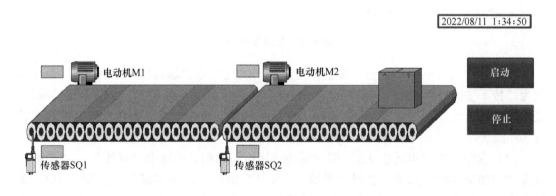

图 6-19　HMI 根画面

（3）在 PLC 仿真器中，先选中"SIM 表_1"，再在表格中输入要监控的变量，单击工具栏中"启用/禁用非输入修改"按钮，将"启动"与"传感器 SQ2"的数值改为"TRUE"，最后单击"修改所有选定值"按钮，如图 6-20 所示。此步骤的操作结果实际就是使电动机 M1 与 M2 运行。HMI 运行效果如图 6-21 所示。

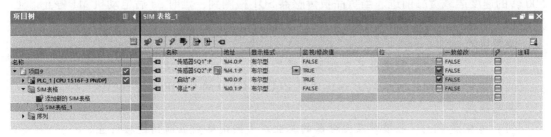

图 6-20 PLC 仿真器

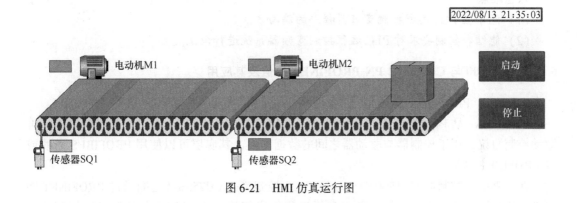

图 6-21 HMI 仿真运行图

6.3 PLC 网络远程控制变频器

6.3.1 课题分析

PLC、触摸屏及变频器是当前自动化设备常用到的核心器件，通过它们可实现多样化的控制，如生产流水线、机械手、自动包装机控制等。本课题采用 PROFINET 网络，将 PLC、触摸屏及变频器直接连到工业以太网中，实现 PLC 远程控制变频器运行，示意图如图 6-22 所示。

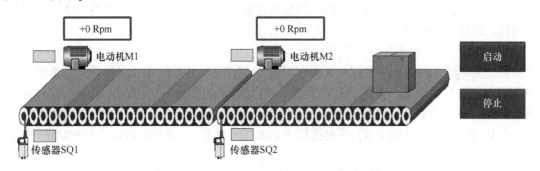

图 6-22 PLC 与触摸屏远程控制两台变频器运行示意图

控制要求：在触摸屏中按下启动按钮，电动机 M2 以每分钟 1000 转的速度开始运行并保持连续工作，被运送的货品前进。当货品被传感器 SQ2 检测到，电动机 M1 以每分钟

500 转的速度运载货品前进。当货品被传感器 SQ1 检测到，延时 3s 后电动机 M1 停止。上述过程不断进行，直到按下停止按钮传送电动机 M2 立刻停止。

课题目的

（1）能根据 PLC、触摸屏及变频器的硬件型号，完成系统硬件组态。

（2）能通过周期性通信 PZD 通道实现 PLC 与 G120 的 PROFINET 通信。

课题重点

（1）能完成 PLC、触摸屏及变频器的工业以太网网络数据通信连接设置。

（2）能掌握 G120 变频器的调试方法。

课题难点

（1）能掌握 PLC 远程控制变频器程序的编写方法。

（2）能结合控制要求对 PLC 远程控制变频器系统进行调试。

6.3.2　S7-1500 与 CU250S-2 PN PROFINET 通信及其应用

6.3.2.1　PROFIdrive 介绍

PROFldrive 是 PI 国际组织（PROFIBUS and PROFINET International）推出的一种标准驱动控制协议，用于控制器与驱动器之间的数据交换，其底层可以使用 PROFIBUS 总线或者 PROFINET 网络。

在本书中，控制器 S7-1500 与驱动器 G120 控制单元 CU250S-2 之间通过 PROFINET 网络进行周期性的数据交换，控制器可利用过程值通信的 PZD 通道对驱动器发送控制命令控制变频器的起停、调速、读取实际值、状态信息等功能，PZD 通道的数据长度由上位控制器组态的报文类型决定。

6.3.2.2　PLC、触摸屏远程控制变频器系统创建步骤

A　系统硬件组态

变频器的硬件组态可在 TIA 博途软件项目视图项目树中，选中并双击"添加新设备"选项，选中"驱动"→"驱动和启动器"→"SINAMICS 驱动"→"SINAMICS G120"→"CU250S-2 PN Vector"→"6SL3246-0BA22-1FA0"，最后单击"确定"按钮，如图 6-23 所示。根据现场实际电机功率添加变频器功率模块，如图 6-24 所示。由于两台变频器组态方法一致，下文以一台变频为例，PLC 与触摸屏的硬件组态方法与 6.1.2 与 6.2.2 应用基本一致，此处不再赘述。

B　分配变频器的设备名称与 IP 地址

修改变频器设备名称可在网络视图中双击 G120 图标，打开 G120 属性栏，在常规选项卡中的"常规"中修改，本课题变频器设备名称为"驱动_1"。分配 IP 地址可在常规选项卡中的 PROFINET 接口［X150］→"以太网地址"→设置"接口连接"与"IP 地址"，本书中 IP 地址为 192.168.0.4，子网掩码为 255.255.255.0，并将接口连接到 PN/IE_1 子网中去，如图 6-25 所示。

由于 PROFINET 控制器依靠设备名称识别 PROFINET I/O 设备，PROFINET I/O 设备的设备名必须和硬件组态中设备名一致才能建立通信。故在设置完成变频器的设备名称与 IP 地址后，须通过网络视图选中 PROFINET 网络，按右键选择"分配设备名称"，如图 6-26所示，将离线设备名称赋给线上的变频器。

图 6-23 添加驱动设备

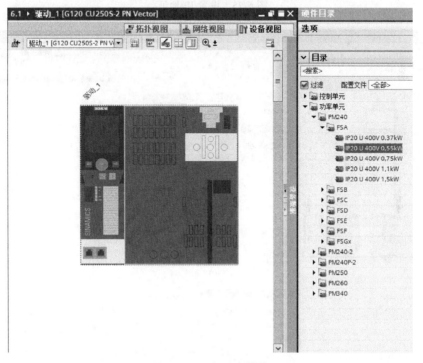

图 6-24 添加功率模块

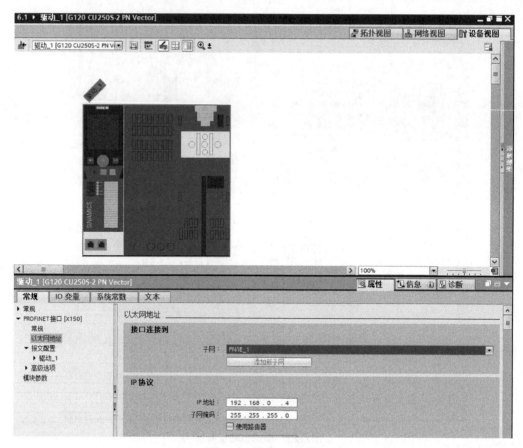

图 6-25　设置 IP 地址

图 6-26　分配设备名称

C 设置变频器通信报文类型

打开 G120 属性栏，在常规选项卡中的 PROFINET 接口［X150］中→"报文配置"→"驱动_1"选择"标准报文1，PZD2/2"，如图 6-27 所示。

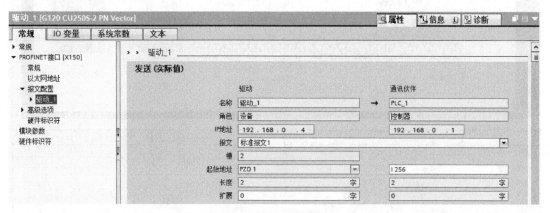

图 6-27 报文配置

D 变频器调试参数设置与硬件组态下载

变频器的调试参数可在 TIA 博途软件项目视图项目树中选择"驱动_1"→"调试"→"调试向导"弹出的"调试向导"窗口中进行设置，如图 6-28 所示。当调试参数设置完成后可将变频器硬件组态下载至设备中。

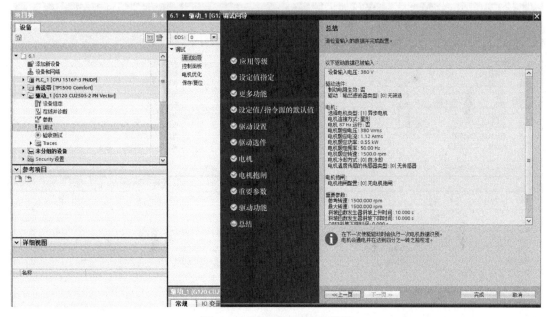

图 6-28 变频器调试参数设置

E 触摸屏画面建立

触摸屏画面相较 6.2.2 应用的画面需添加两处 I/O 域，如图 6-29 所示。并在 HMI 变量中对电动机实际转速变量做线性标定，如图 6-30 所示。

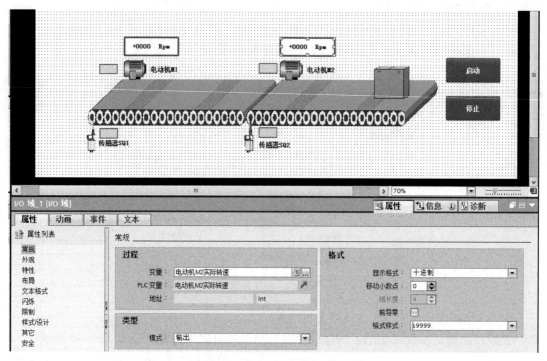

图 6-29 画面 I/O 域设置

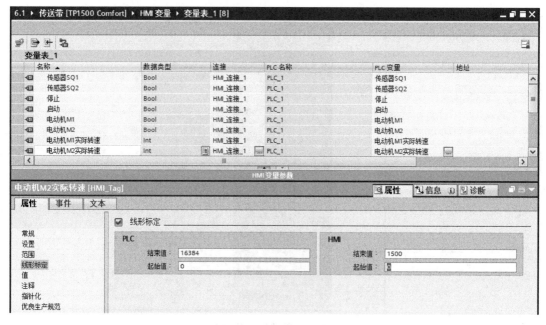

图 6-30 变量线形标定

F 控制程序编写

在 TIA 博途软件项目视图项目树的"程序块"中，双击"MIAN（OB1）"进行程序编写，控制程序梯形图如图 6-31 所示。

▼ 程序段1: ......

注释

```
  %I0.0          %I0.1                                              %Q4.1
  "启动"         "停止"                                            "电动机M2"
  ──┤├───┬──────┤/├──────┬──────────────────────────────────────────( )──
          │                │
  %Q4.1   │                │            ┌─────────────┐
  "电动机M2"│               │            │    MOVE     │
  ──┤├─────┘                │            │  EN ── ENO  │
                            ├────16#074f─┤ IN          │        %QW256
                            │            │       OUT1 ├──      "Tag_3"
                            │            └─────────────┘
                            │            ┌─────────────┐
                            │            │    MOVE     │
                            │            │  EN ── ENO  │
                            └─────10922──┤ IN          │        %QW258
                                         │       OUT1 ├──      "Tag_4"
                                         └─────────────┘
```

▼ 程序段2: ......

注释

```
  %I4.1          %Q4.1         "T0".Q                               %Q4.0
  "传感器SQ2"    "电动机M2"                                        "电动机M1"
  ──┤├───┬──────┤├──────┬──────┤/├──────────────────────────────────( )──
          │              │
  %Q4.0   │              │              ┌─────────────┐
  "电动机M1"│             │              │    MOVE     │
  ──┤├─────┘              │              │  EN ── ENO  │
                          ├─────16#074f─┤ IN          │        %QW260
                          │              │       OUT1 ├──      "Tag_5"
                          │              └─────────────┘
                          │              ┌─────────────┐
                          │              │    MOVE     │
                          │              │  EN ── ENO  │
                          └──────5461───┤ IN          │        %QW262
                                         │       OUT1 ├──      "Tag_6"
                                         └─────────────┘
```

▼ 程序段3: ......

注释

```
  %I4.0          %Q4.0                                              %M0.0
  "传感器SQ1"    "电动机M1"                                         "Tag_2"
  ──┤├───┬──────┤├──────┬──────────────────────────────────────────( )──
          │              │
  %M0.0   │              │          %DB1
  "Tag_2" │              │           "T0"
  ──┤├─────┘              │        ┌─────────────┐
                          │        │    TON      │
                          │        │    Time     │
                          └────────┤ IN       Q ├──
                           T#3S────┤ PT      ET ├── ...
                                   └─────────────┘
```

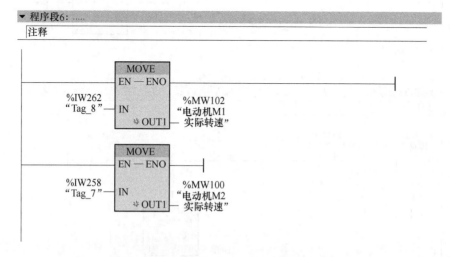

图 6-31 PLC 远程控制两台变频器运行梯形图

7 数控机床装调与维修技术

7.1 数控机床硬件接口连接

7.1.1 课题分析

图 7-1 所示是数控系统与伺服驱动连接示意图，在对数控系统和伺服驱动接口认知的基础上，能够将数控系统、伺服驱动和 I/O 模块进行连接，并能解决连接中出现的问题。

课题目的

(1) 熟悉 FANUC 0i-Mate-TD 系统 MDI 面板各键的功能。

(2) 熟悉了解 FANUC 0i-Mate-TD 数控系统的接口作用及连接方法。

(3) 熟悉了解伺服驱动器接口作用及连接方法。

(4) 熟悉了解 I/O 模块的接口作用及连接方法。

(5) 能够把数控系统和伺服驱动按照要求进行正确地连接。

课题重点

(1) 能够掌握伺服驱动器接口作用及连接方法。

(2) 能够掌握 FANUC 0i-Mate-TD 数控系统的接口作用及连接方法。

(3) 能够掌握 I/O 模块的接口作用及连接方法。

课题难点

(1) 掌握伺服驱动器接口作用及连接方法。

(2) 掌握 FANUC 0i-Mate-TD 数控系统的接口作用及连接方法。

(3) 把数控系统和伺服驱动按照要求进行正确的连接。

7.1.2 各模块接口定义及作用认知

从电气硬件上划分，数控机床可以分为数控系统、伺服驱动、I/O 模块等几大部分，其中数控系统为数控机床的核心控制部分，现在以 FANUC 0i mate-TD 数控车床系统为例进行介绍。

FANUC 0i mate-TD 是一款经济型的数控车床系统，能够满足在教学过程中的要求。该数控系统控制单元共划分为四个区，分别是 MDI 键盘区、LCD 显示区、软键盘区和存储卡槽。每个区都有其特定的用途：MDI 键盘区用于数据的输入和各功能画面的调出；LCD 显示区用于显示操作的过程及各功能画面的显示；软键盘区用于在各功能画面内进行进一步的操作及完成各内嵌子画面的调入；存储卡槽用于 CF 卡与 CNC 系统的连接。数控系统控制单元如图 7-2 所示。

7.1.2.1 MDI 面板介绍

FANUC 0i-Mate-TD 系统 MDI 面板各键功能说明见表 7-1。

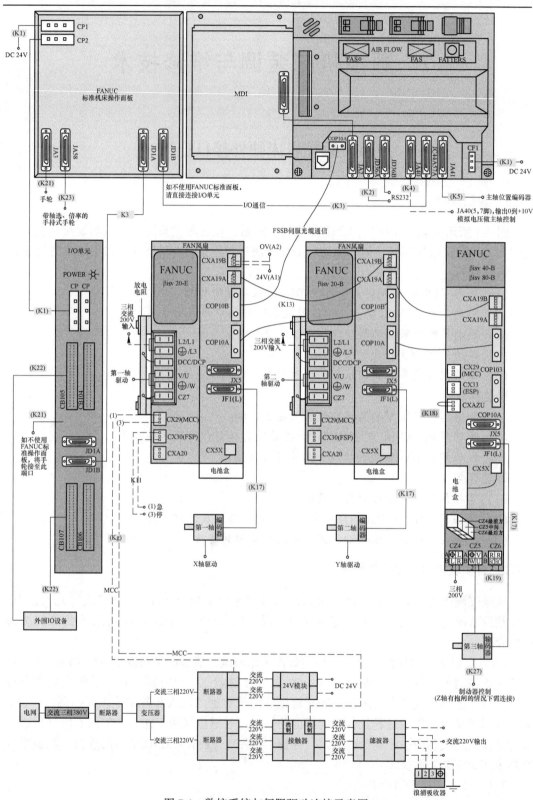

图 7-1 数控系统与伺服驱动连接示意图

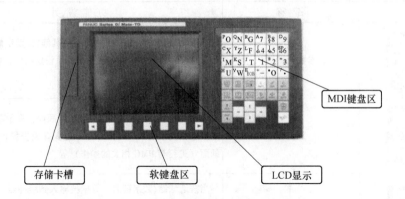

图 7-2　数控系统控制单元

表 7-1　FANUC 0i-Mate-TD 系统 MDI 面板各键功能说明表

按键	名　称	功　能　说　明
RESET	复位键	按下此键，复位 CNC 系统，包括取消报警、主轴故障复位、中途退出自动操作循环和输入、输出过程等
（地址和数字键盘）	地址和数字键	按下这些键，输入字母、数字和其他字符。操作时，用于字符的输入
INPUT	输入键	当按地址/数字键后，数据被输入到缓冲器，并在 LCD 屏幕上显示出来；为了把键入到输入缓冲器中的数据复制到寄存器，按此键可将字符写入到指定的位置
PAGE ↑ PAGE ↓	翻页键	包括上下两个键，分别表示屏幕上页键和屏幕下页键。用于 CRT 屏幕选择不同的页面
POS	页面切换键	按下功能键【POS】进入位置画面，显示当前坐标轴的位置，可以在绝对、相对、综合显示之间进行切换，按相应的软键可以进入下一级菜单
PROG	程序键	按下功能键【PROG】进入程序画面，显示程序显示画面和程序检查画面，可以在此输入加工程序，以及其他操作

按键	名 称		功 能 说 明
	参数设置键		按下功能键【OFS/SET】进入刀具偏置/设定画面，可以查看刀具偏置、设定画面和工件坐标系设定画面，可以对一些常用功能进行设定
	系统键		按下功能键【SYSTEM】进入系统画面，显示参数画面（可以设定相关参数）、诊断画面（查看有关报警信息）和PMC画面（进行与PMC相关的操作）等
	编辑键	替代键	当按地址键/数字键后，数据被输入到缓冲器，并在LCD屏幕上显示出来；为了把键入到输入缓冲器中的数据替换掉寄存器中已有且已被选中的数据，按此键可将字符替换掉指定的内容
		删除键	当选中CF卡或寄存器中的加工程序，在地址/数字键内键入相应的文件名，按此键可删除指定的文件；在"MDI"或"编辑"方式下，将光标移向想要删除的指令上，按下此键便可删除指定的指令
		插入键	当按地址/数字键后，数据被输入到缓冲器，并在LCD屏幕上显示出来；为了把键入到输入缓冲器中的数据输入到寄存器中，按此键可将字符插入到指定的位置
		取消键	取消输入域内的数据，可删除已输入到缓冲器的最后一个字符
		回车换行键	结束一行程序的输入并且换行
	切换键		按下切换键【SHIFT】显示上标图符，再按字符键将输入对应于左上角的字符
	信息键		按下功能键【MESSAGE】进入信息画面，查看报警显示和报警履历等画面
	帮助键		按此键用来显示如何操作机床

按键	名　称	功　能　说　明
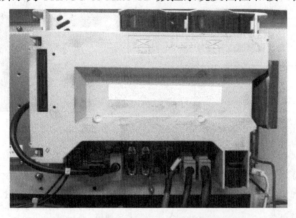	辅助图形键	按下功能键【CSTM/GR】进入图形/用户宏画面，显示刀具路径图和用户宏画面
	光标键	分别代表光标的上（↑）、下（↓）、左（←）、右（→）移动

7.1.2.2　FANUC 0i-Mate-TD 数控系统的接口介绍

图 7-3 和图 7-4 所示为 FANUC 0i-Mate-TD 数控系统反面图和接口图。

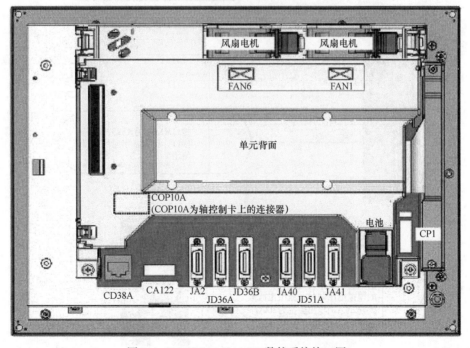

图 7-3　FANUC 0i-Mate-TD 系统反面图

图 7-4　FANUC 0i-Mate-TD 数控系统接口图

每个接口都有各自的功能和规定的连接方式。下面就对各个接口分别进行介绍，如图 7-5 所示。

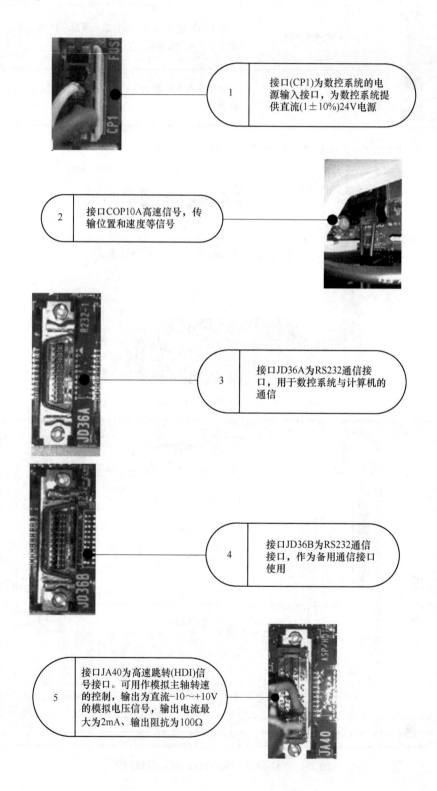

1 接口(CP1)为数控系统的电源输入接口，为数控系统提供直流(1±10%)24V电源

2 接口COP10A高速信号，传输位置和速度等信号

3 接口JD36A为RS232通信接口，用于数控系统与计算机的通信

4 接口JD36B为RS232通信接口，作为备用通信接口使用

5 接口JA40为高速跳转(HDI)信号接口。可用作模拟主轴转速的控制，输出为直流-10～+10V的模拟电压信号，输出电流最大为2mA、输出阻抗为100Ω

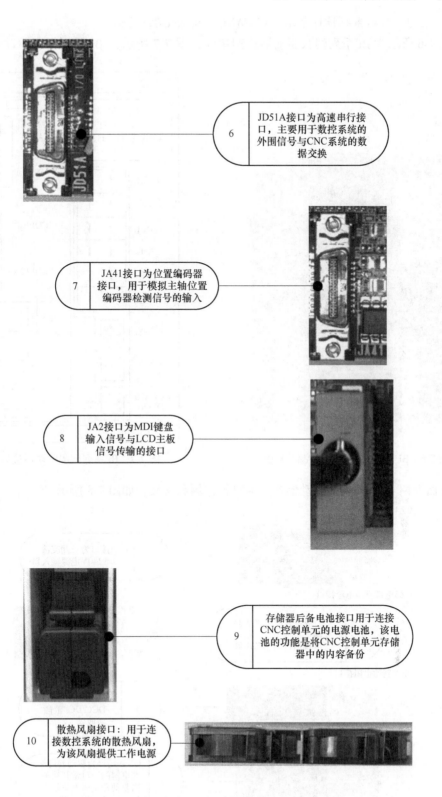

6	JD51A接口为高速串行接口，主要用于数控系统的外围信号与CNC系统的数据交换

7	JA41接口为位置编码器接口，用于模拟主轴位置编码器检测信号的输入

8	JA2接口为MDI键盘输入信号与LCD主板信号传输的接口

9	存储器后备电池接口用于连接CNC控制单元的电源电池，该电池的功能是将CNC控制单元存储器中的内容备份

10	散热风扇接口：用于连接数控系统的散热风扇，为该风扇提供工作电源

图7-5 各个接口图

7.1.2.3 数控系统接口介绍（以 FANUC 0i mate-TD 为例）

图 7-6 所示为 βi 系列伺服驱动器控制单元；图 7-7 所示为 βi 系列伺服驱动器接口分布图。

图 7-6　βi 系列伺服驱动器控制单元

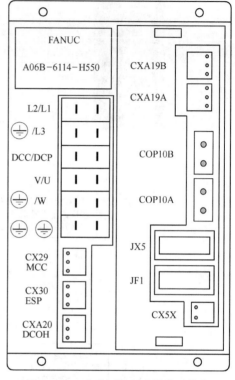

图 7-7　βi 系列伺服驱动器接口分布

下面介绍 βi 系列伺服驱动器接口的具体作用和含义，如图 7-8 所示。

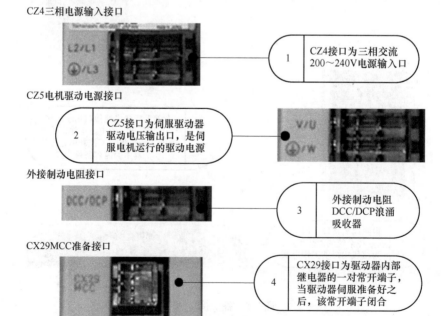

图 7-8　接口的作用和含义

图 7-9 为 CX29 接口内部继电器的工作原理图，从图中可以看出，只有内部继电器常开点（internal contact）闭合，主接触器（MCC）的线圈（Coil）才能上电。

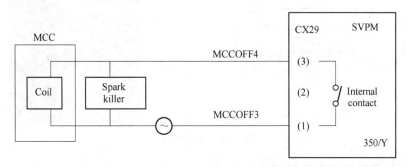

图 7-9　CX29 接口内部继电器的工作原理图

CX30 急停接口如图 7-10 所示。

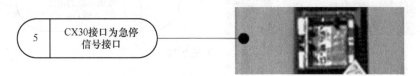

图 7-10　急停接口

图 7-11 为 CX30 接口内部的工作原理图，从图中可以看出，只有 CX30 常开点（Emergency stop contact）闭合，系统才能在正常状态下运行。

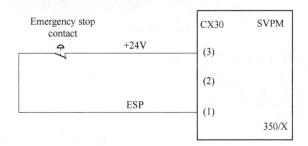

图 7-11　CX30 接口内部的工作原理图

CXA19A、CXA19B 24V 电源接口如图 7-12 所示。

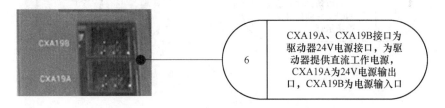

图 7-12　电源接口

COP10A、COP10B 光缆接口如图 7-13 所示。

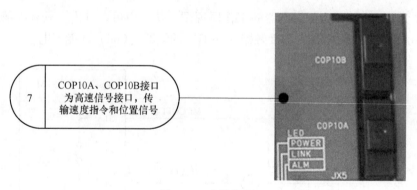

7
COP10A、COP10B接口
为高速信号接口，传
输速度指令和位置信号
COP10B
COP10A
LED
POWER
LINK
ALM
JX5

图 7-13　光缆接口

CX5X 电池接口如图 7-14 所示。

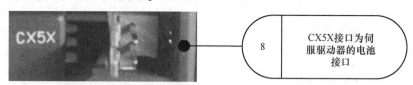

CX5X
8
CX5X接口为伺
服驱动器的电池
接口

图 7-14　电池接口

JF1 反馈接口如图 7-15 所示。

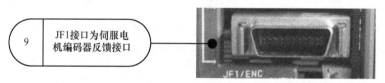

9
JF1接口为伺服电
机编码器反馈接口
JF1/ENC

图 7-15　反馈接口

POWER、LINK、ALM 指示灯如图 7-16 所示。

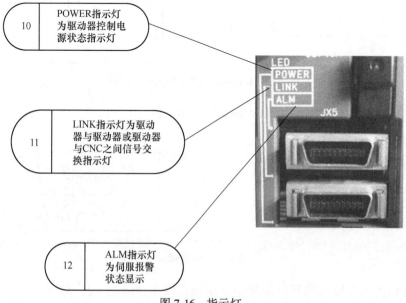

10
POWER指示灯
为驱动器控制电
源状态指示灯
LED
POWER
LINK
ALM
JX5
11
LINK指示灯为驱动
器与驱动器或驱动器
与CNC之间信号交
换指示灯
12
ALM指示灯
为伺服报警
状态显示

图 7-16　指示灯

CZ6、CX20 放电电阻接口如图 7-17 所示。

13	CZ6、CX20接口：为放电电阻的两个接口，若不接放电电阻须将CZ6及CX20短接

图 7-17 放电电阻接口

7.1.2.4 I/O 模块的接口介绍

图 7-18 所示为 I/O 模块。

图 7-18 I/O 模块

I/O 模块的接口介绍如图 7-19 所示。

7.1.3 数控车床硬件接口连接

7.1.3.1 伺服驱动器的连接

FANUC 数控系统伺服放大器的分类如图 7-20 所示。

FANUC 数控系统伺服放大器装置如图 7-21 所示。

A βi 系列伺服单元的连接

图 7-22 所示为 βi 系列伺服单元外观图，数控车床 βi 伺服单元连接图（0i Mate）如图7-23 所示。

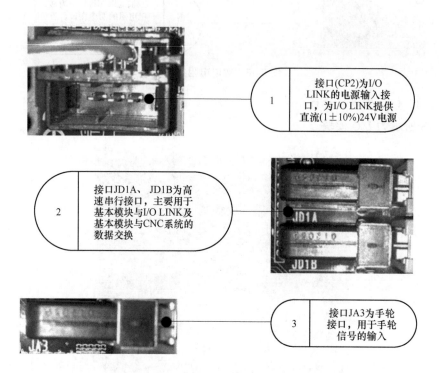

图 7-19 接口

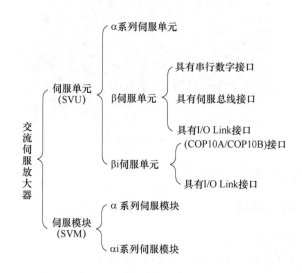

图 7-20 FANUC 数控系统伺服放大器的分类

B αi 系列伺服模块的连接

αi 系列伺服模块及 αi 伺服模块各接口功能如图 7-24 所示。

α 系列伺服模块

αi系列伺服模块

β系列伺服单元 βi系列伺服单元

α系列伺服单元

图 7-21 FANUC 数控系统伺服放大器装置

图 7-22 βi 系列伺服单元

下面以 FANUC-0iMC 系统为例（铣床），说明伺服模块的具体连接，如图 7-25 所示。从 αi 伺服模块的硬件连接可以看出，通过光缆的连接取代了电缆的连接，不仅保证了信号传输的速度，而且保证了传输的可靠性，减少了故障率。各模块之间的信息传递是通过 CXA2A/CXA2B 的串行数据来传递。

图 7-26 所示为 αi 伺服模块与伺服模块之间的实际连接照片。

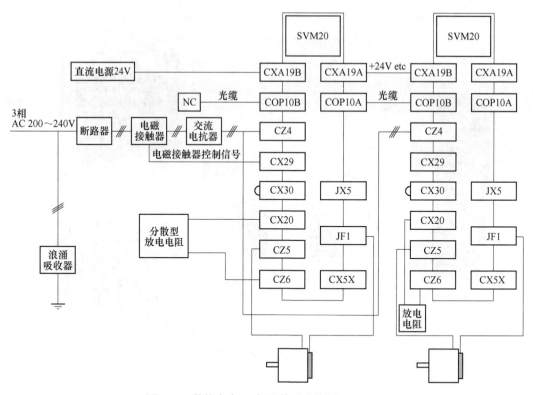

图 7-23　数控车床 βi 伺服单元连接图（0i Mate）

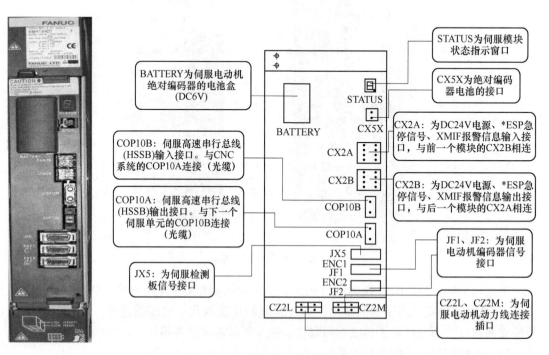

图 7-24　αi 伺服模块各接口功能

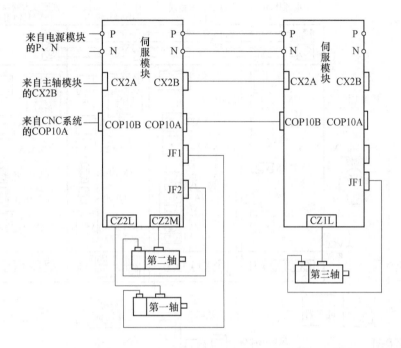

图 7-25　αi 伺服模块与伺服模块之间的连接原理图（3 轴）

图 7-26　αi 伺服模块与伺服模块之间的实际连接照片（3 轴）

图 7-27 为 αi 系列的放大器连接图（带电源和主轴模块）。

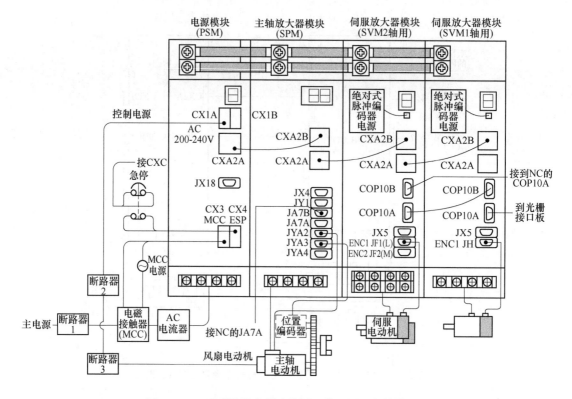

图 7-27　αi 系列的放大器连接图（带电源和主轴模块）

7.1.3.2　I/O 模块的连接

FANUC 系统是以 LINK 串行总线方式通过 I/O 单元与系统通信的。在 LINK 总线上 CNC 是主控端而 I/O 单元是从控端，多 I/O 单元相对于主控端来说是以组的形式来定义的，相对于主控端最近的为第 0 组，依次类推。图 7-28 所示为 0i 系列操作盘 I/O 模块连接原理图。

图 7-29 所示为 0i Mate 系列 I/O 模块连接原理图。

7.1.3.3　数控系统、驱动器、I/O LINK（I/O 模块）的连接

数控系统、驱动器、I/O LINK（I/O 模块）的连接如图 7-30 所示，为了方便读者对数控系统各连接的学习，下面将以 FANUC-0i-Mate-TD 实物连接图进行讲解。

A　数控系统与 I/O 的连接

此连接主要是为了对数控机床 I/O 模块的输入输出信号进行接收和处理，也包括数控机床控制面板信号的接收和处理，如图 7-31 所示。

B　数控系统与主轴的连接

图 7-32 所示为系统与主轴编码器的连接。此连接主要是为了测量主轴转速，此编码器为分离型编码器。

图 7-33 所示为系统与变频器的连接（模拟量主轴）。此连接主要是为了数控系统对变频器发送脉冲信号。

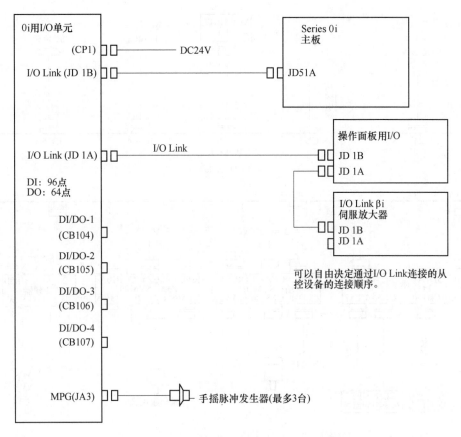

图 7-28 0i 系列操作盘 I/O 模块连接原理图

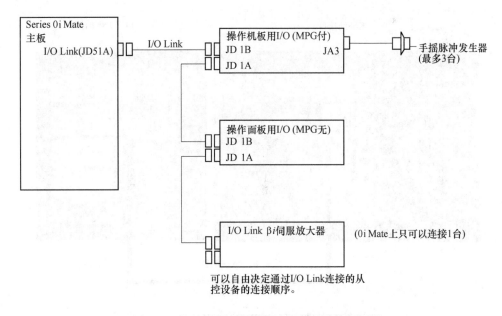

图 7-29 0i Mate 系列操作盘 I/O 模块连接原理图

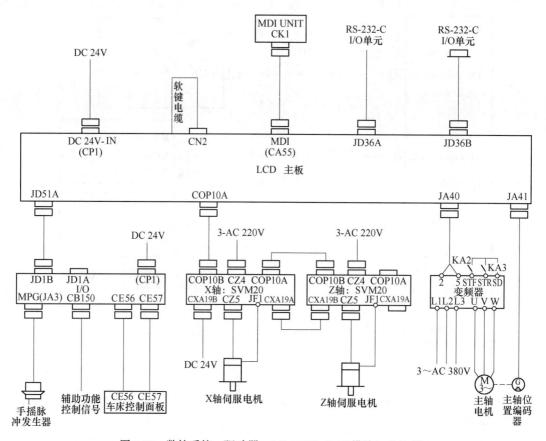

图 7-30 数控系统、驱动器、I/O LINK（I/O 模块）的连接

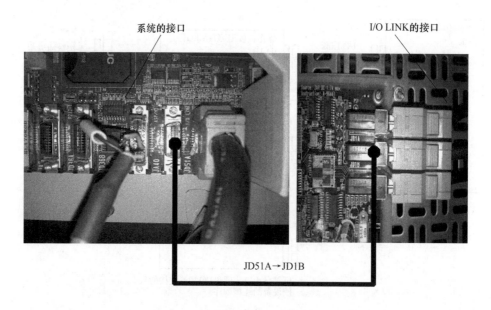

图 7-31 数控系统与 I/O 的连接

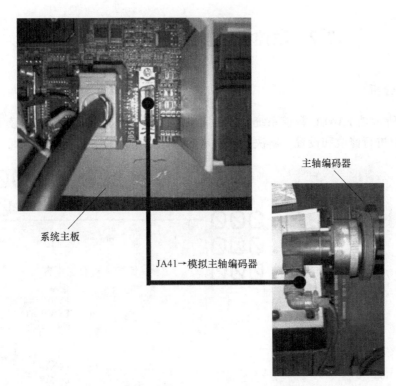

主轴编码器

系统主板

JA41→模拟主轴编码器

图 7-32 系统与主轴编码器的连接

JA40→变频器模拟主轴信号接口

图 7-33 系统与变频器的连接（模拟量主轴）

7.2 数控机床参数的设定与修改

7.2.1 课题分析

图 7-34 所示是 FANUC 数控系统参数设定界面截图，通过本书的学习，读者能够对数控系统的参数进行修改和设置，解决数控机床在使用中出现的一些问题。

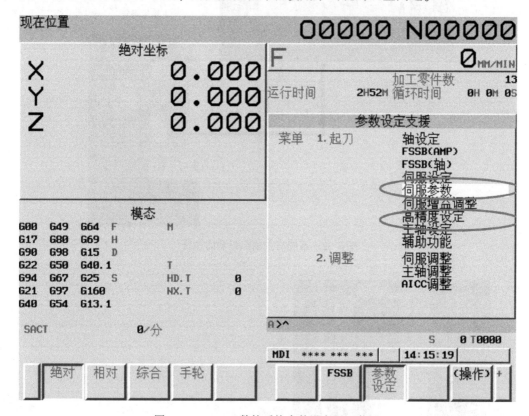

图 7-34 FANUC 数控系统参数设定界面截图

课题目的

(1) 掌握数控系统参数调出的方法。

(2) 熟悉了解 FANUC 0i mate-D 数控系统常用参数的含义。

(3) 掌握 FANUC 0i mate-D 参数的设置方法。

(4) 掌握 Servo Guide 软件进行伺服参数调整的方法。

课题重点

(1) 能够对 FANUC 0i mate-D 常用参数进行修改和设置。

(2) 能够利用 Servo Guide 软件进行伺服参数调整。

课题难点

(1) 对 FANUC 0i mate-D 常用参数进行修改和设置。

(2) 利用 Servo Guide 软件进行伺服参数调整。

7.2.2 数控机床常用参数的认知

CNC 系统控制参数涉及 CNC 系统功能的各个方面，使系统与机床的配接更加灵活、方便，适用范围更广。不同系统控制参数的数量不同，CNC 系统制造厂对每一个参数的含义均有严格的定义，并在其安装与调试手册中详细说明。这些参数由机床厂在机床与系统机电联调时设置，一般不允许机床使用厂家改变。这些参数存放在 CNC 系统的掉电保护 RAM 区中，机床使用者应将所有参数的设置抄录下来，作为备份。以下就以 FANUC 0i Mate-D 或 Mate-TD 数控系统的常用参数为例，进行简单介绍。

7.2.2.1 数控系统参数调出的方法

（1）在开机界面如图 7-35 所示，选择 MDI 方式并按面板上的"SYSTEM"功能键数次，或者按"SYSTEM"功能键一次，再按［参数］软键，选择参数画面如图 7-36 所示。

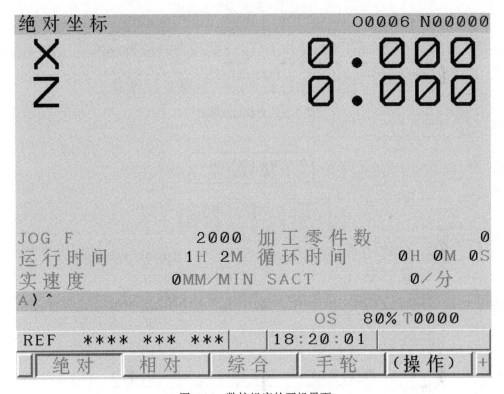

图 7-35 数控机床的开机界面

（2）参数画面由多页组成，可以通过以下两种方法选择需要显示的参数所在的画面。

1）用光标移动键或翻页键，显示需要的画面。

2）由键盘输入要显示的参数号，然后按下［搜索］软键，这样可显示指定参数所在的页面，光标同时处于指定参数的位置，如图 7-37 所示。

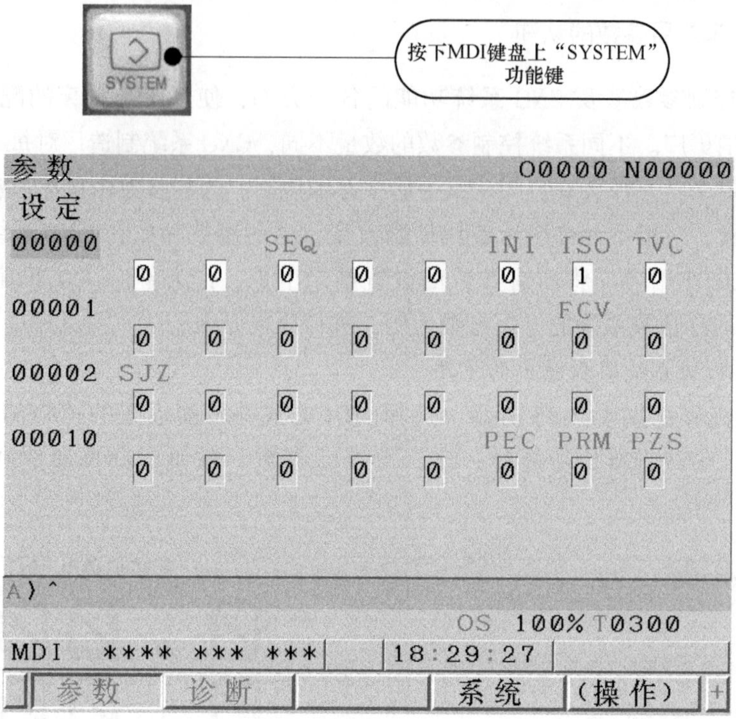

图 7-36 参数显示界面

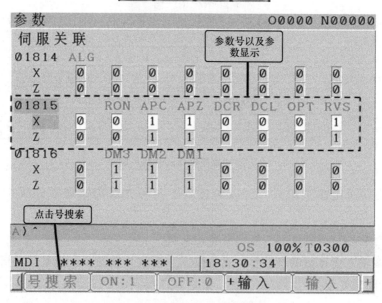

图 7-37 参数 1815 显示页面

7.2.2.2　FANUC 0i mate-TD 数控系统常用参数（见表7-2）

表7-2　FANUC 0i mate-TD 数控系统常用参数表

参数号	数值	参数说明
20	4	存储卡接口
3003#0	1	使所有轴互锁信号无效
3003#2	1	使各轴互锁信号无效
3003#3	1	使不同轴向的互锁信号无效
3004#5	1	不进行超程信号的检查
3105#0	1	显示实际速度
3105#2	1	显示实际主轴速度和 T 代码
3106#5	1	显示主轴倍率值
3108#7	1	在当前位置显示画面和程序检查画面上显示 JOG 进给速度或者空运行速度
3708#0	1	检测主轴速度到达信号
3716#0	0	模拟主轴
3720	4096	位置编码器的脉冲数
3730	995	用于主轴速度模拟输出的增益调整的数据
3731	−14	主轴速度模拟输出的偏置电压的补偿量
3741	2800	与齿轮 1 对应的各主轴的最大转速
7113	100	手轮进给倍率
8131#0	1	使用手轮进给

7.2.3　数控机床常用参数的修改与调整

现在就以 FANUC 0i mate-TD 数控系统为例介绍参数的修改与调整。

7.2.3.1　参数的设置方法

在控制面板上选择 MDI 方式或急停状态。

（1）按下 "OFS/SET" 功能键，再按 [设定] 软键，显示设定画面如图 7-38 所示。

（2）将光标移动到 "参数写入" 处，按 [操作] 软键，进入下一级画面。

（3）按 [ON：1] 软键或输入 1，再按 [输入] 软键如图 7-39 所示，将 "参数写入" 设定为 1，如图 7-40 所示；这样参数处于可写入状态，同时 CNC 发生报警（SW0100）"参数写入开关处于打开"，如图 7-41 所示。

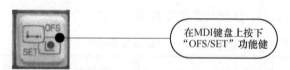

在MDI键盘上按下
"OFS/SET"功能健

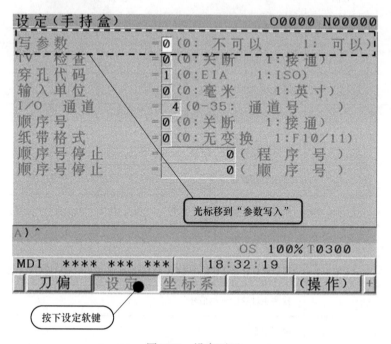

光标移到"参数写入"

按下设定软键

图 7-38 设定画面

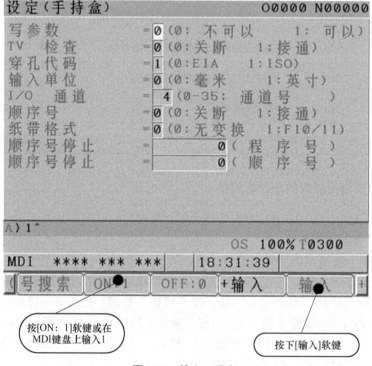

按[ON：1]软键或在
MDI键盘上输入1

按下[输入]软键

图 7-39 输入 1 设定

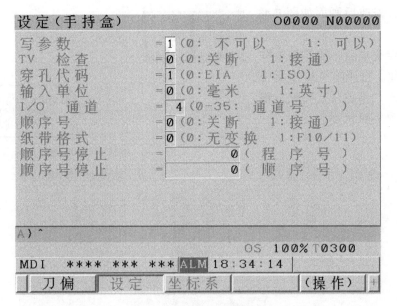

图 7-40 参数写入设定为 1

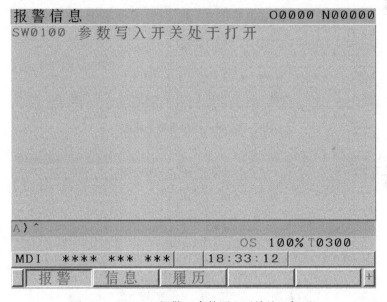

图 7-41 SW0100 报警 "参数写入开关处于打开"

（4）找到需要设定参数的画面，将光标置于需要设定的位置上。输入参数，然后按"INPUT"键，输入的数据将被设定到光标指定的参数中，存入系统存储器内。

（5）参数设定完毕，需要将"参数写入"设置为 0，即禁止参数设定，防止参数被无意更改。同时按下"RESET"键和"CAN"键，解除 SW0100 报警，如图 7-42 所示。有时在参数设定中会出现报警"PW0000 必须关断电源"，此时要关闭数控系统电源再开启。

接下来就以修改输入单位参数为例进行介绍。

按照图 7-38 所示一样将光标移动到输入单位参数所在的位置，并将设定值 1 输入光标所在位置中，修改后画面如图 7-43 所示。

参数设定完成后，需要将参数写入开关关闭，按照图 7-38 所示将设定值 0 输入"参数写入"处，输入完成后如图 7-44 所示。

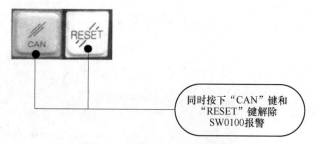

同时按下"CAN"键和"RESET"键解除 SW0100 报警

图 7-42　解除 SW0100 报警方式

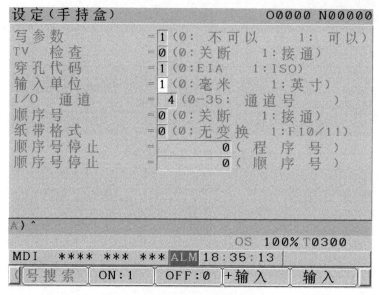

图 7-43　输入单位参数的修改

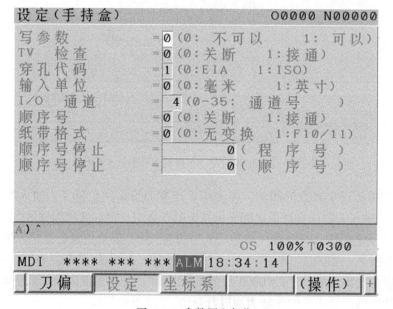

图 7-44　参数写入复位

7.2.3.2 利用 Servo Guide 软件进行伺服参数的调整

在完成系统的硬件连接，并正确地进行基本参数、FSSB、主轴以及基本伺服参数的初始化设定后，系统即能够正常的工作了。为了更好地发挥控制系统的性能，提高加工的速度和精度，还要根据机床的机械特性和加工要求进行伺服参数的优化调整。本内容即结合 Servo Guide 软件说明伺服参数的调整方法。

A Servo Guide 软件的设定

（1）打开伺服调整软件后，出现以下菜单画面，如图 7-45 所示。

图 7-45 主菜单

（2）单击图 7-45 的"通信设定"，出现画面，如图 7-46 所示。

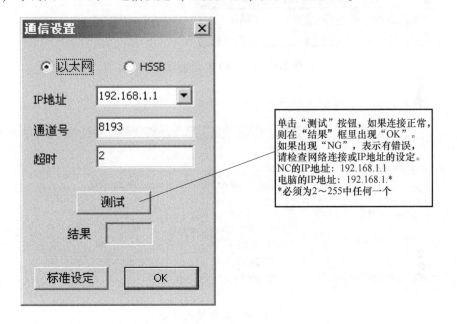

图 7-46 通信设定

图 7-47 中的"IP 地址"为 NC 的 IP 地址检查。

PC 端的 IP 地址设定如图 7-48 所示。

如果以上设定正确，在单击"测试"按钮后还没有显示"OK"，请检查网络连接是否正确。

对于现在的新型笔记本电脑，内置网卡可以自动识别网络信号，图 7-49 所示的耦合器和交叉网线可以省去，直接连接就可以了。

PCMCIA 卡型号：A15B-0001-C106（带线），如果系统有以太网接口，则不需要此卡。

B 参数画面

将 NC 切换到 MDI 方式，POS 画面，单击主菜单（图）上的"参数"菜单，则弹出如下的画面，如图 7-50 所示。

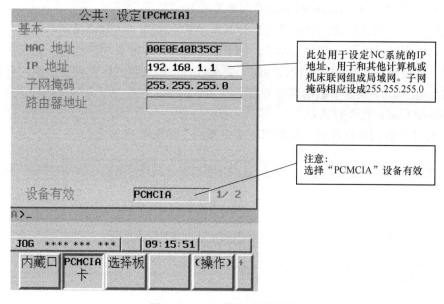

图 7-47 CNC 的 IP 地址设定

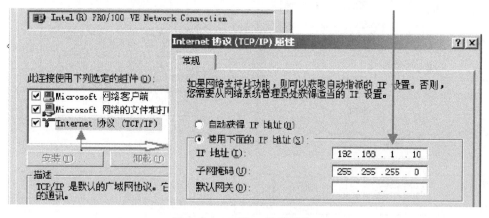

图 7-48 PC 端 IP 地址设定

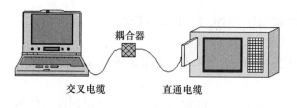

图 7-49 NC-PC 正确连接

单击"在线"按钮，则自动读取 NC 的参数，并显示图 7-51 所示的参数画面。

（1）系统设定画面。参数画面打开后进入"系统设定"画面，该画面的内容不能进行改动，但是可以检查该系统在抑制形状误差、加减速以及轴控制等方面都有哪些功能，后面的参数调整可以针对这些功能来进行。

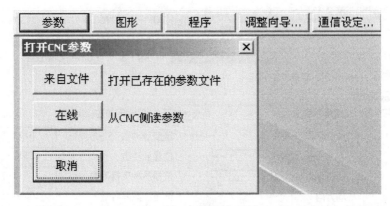

图 7-50　参数初始画面

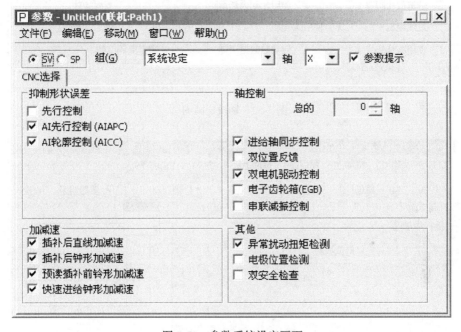

图 7-51　参数系统设定画面

（2）轴设定。轴设定画面主要用于分离式检测器的有无、旋转电机/直线电机、CMR、柔性进给齿轮比等的设定。轴设定如图 7-52 所示。

这些内容在前面已经基本设定完毕，此处只需要检查以下几项：

1）电机代码是否按 HRV3 初始化（电机代码大于 250）；

2）电机型号与实际安装的电机是否一致；

3）放大器（安培数）是否与实际的一致；

4）检查系统的诊断 700#1 是否为 1（HRV3 OK），如果不为 1，则重新初始化伺服参数并检查 2013#0 = 1（所有轴）。

（3）加减速。加减速一般控制如图 7-53 所示。

用于设定各伺服轴在一般控制时候的加减速时间常数和快速移动时间常数。一般情况

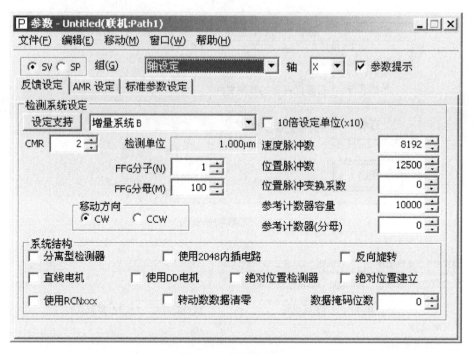

图 7-52 轴设定画面

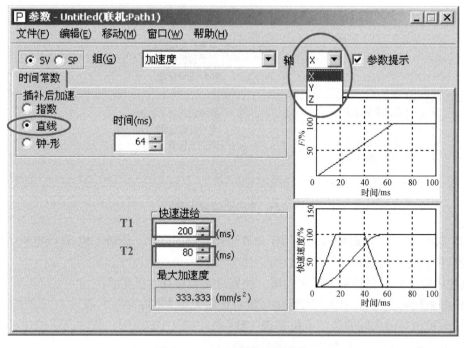

图 7-53 一般控制的时间常数

下，时间常数选择直线型加减速，快速进给选择铃型加减速，即 T1、T2 都进行设定。如果不设定 T2，只设定 T1，则快速进给为直线型加减速，冲击可能比较大。注意各个轴要分别进行设定，各个轴的时间常数一般设定为相同的数值。相关参数见表 7-3。

表 7-3　伺服轴加减速时间设定参数表

参数号	意 义	标准值	调整方法
1610	插补后直线形加减速	1	
1622	插补后时间常数	50~100	走直线
1620	快速移动时间常数 T1	100~500	走直线
1621	快速移动时间常数 T1	50~200	走直线

（4）加减速-AI 先行控制/AI 轮廓控制。如果系统有 AI 轮廓控制功能（AICC），则按照 AICC 的菜单调整，如果没有 AICC 功能，则可以通过"AI 先行控制"（AIAPC）菜单项来调整。二者的参数号及画面基本相同，在这里合在一起介绍（斜体表示 AIAPC 没有的选项），在实际调试过程中需要注意区别。

1）时间常数设定如图 7-54 所示。

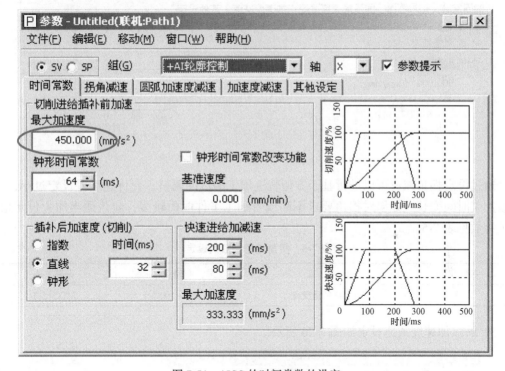

图 7-54　AICC 的时间常数的设定

注意：这里的时间常数和图 7-53 不同，当系统在执行 AICC 或 AIAPC（G5.1Q1 指令生效）时才起作用。图 7-54 中的最大加速度计算值，作为检查加减速时间常数设定是否会出现加速度过大现象，一般计算值不要超过 500。相关参数见表 7-4。

表 7-4　AICC 的时间常数参数的设定

参数号	意 义	标准值	调整方法
1660	各轴插补前最大允许加速度	700	
1769	各轴插补后时间常数	32	

参数号	意　义	标准值	调整方法
1602#6	插补后直线形加减速有效	1	方带 1/4 圆弧
1602#3	插补后铃形加减速有效	1	
7055#4	钟形时间常数改变功能	1/0	
1772	钟形加减速时间常数 T2	64	AICC 走直线
7066	插补前铃形加减速时间常数改变功能参考速度	10000	

2）拐角减速设定如图 7-55 所示。

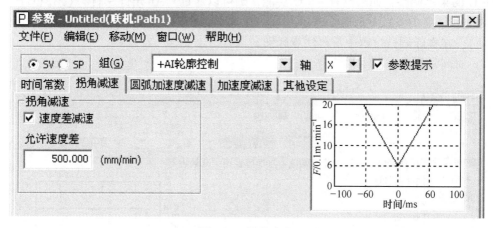

图 7-55　拐角减速

通过设定拐角减速可以进行基于方型轨迹加工的过冲调整。允许速度差设定过小，会导致加工时间变长。如果对拐角要求不高或者加工工件曲面较多，应该适当加大设定值。相关参数见表 7-5。

表 7-5　拐角减速参数的设定

参数号	意　义	标准值	调整方法
1783	允许的速度差	200~1000	AICC 走方

3）圆弧加速度减速设定如图 7-56 所示。

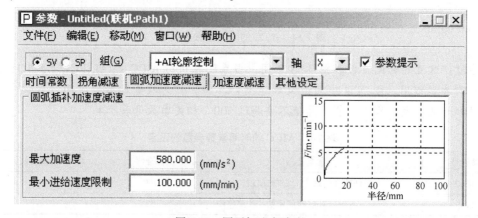

图 7-56　圆弧加速度减速

相关参数见表7-6。

表7-6 圆弧加速度减速参数设定

参数号	意 义	标准值	调整方法
1735	各轴圆弧插补时最大允许加速度	525	方带1/4圆弧
1732	各轴圆弧插补时最小允许速度	100	

4）加速度减速设定如图7-57所示，相关参数见表7-7。

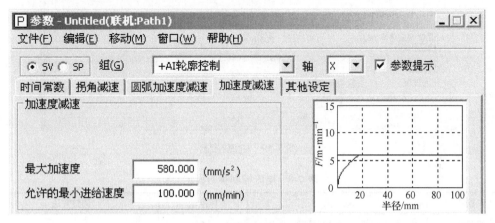

图7-57 加速度减速

表7-7 加速度减速参数设定

参数号	意 义	标准值	调整方法
1737	各轴AICC/AIAPC控制中最大允许加速度	525	方带1/4圆弧
1738	各轴AICC/AIAPC控制中最小允许速度	100	

5）其他设定。如图7-58所示，此界面一般采用默认值。

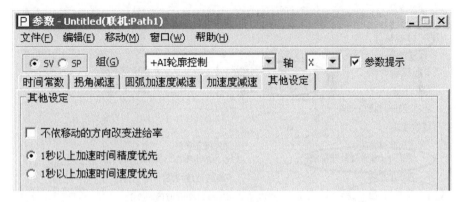

图7-58 其他设定

（5）电流环控制设定如图7-59所示，相关参数见表7-8。

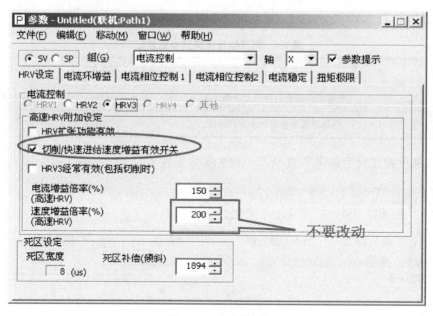

图 7-59 电流控制

表 7-8 电流控制参数设定

参数 号	意 义	标准值	调整方法
2202#1	切削/快速 VG 切换	1	
2334	电流增益倍率提高	150	AICC/HRV3 走直线
2335	速度增益倍率提高	200	AICC/HRV3 走直线

（6）速度环控制设定如图 7-60 所示。

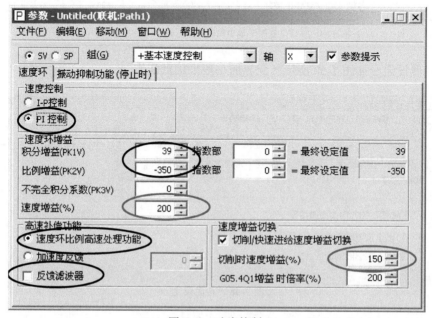

图 7-60 速度控制

如果伺服参数是按照 HRV3 初始化设定的，则图中标记的部分已经设定好了，不需要再设定，只要检查一下就可以了。速度增益和滤波器在后面的频率响应和走直线程序时需要重新调整。注意：这些参数都是需要各个轴分别设定。对于比例积分增益参数不需要修改，请按标准设定（初始化后的标准值），相关参数见表7-9。

表7-9 速度控制参数设定

参数号	意义	标准值	调整方法
（2021 对应）	速度环增益	200	走直线，频率响应
2202#1	切削/快速进给速度增益切换	1	
2107	切削增益提高	150	走直线

加速度反馈：此功能把加速度反馈增益乘以电机速度反馈信号的微分值，通过补偿转矩指令 TCMD，来达到抑制速度环的振荡。电机与机床弹性连接，负载惯量比电机的惯量要大，在调整负载惯量比时候（大于512），会产生 50~150Hz 的振动，此时，不要减小负载惯量比的值，可设定此参数进行改善如图 7-61 所示。参数 2066 设定在 -20~-10，一般设为 -10。

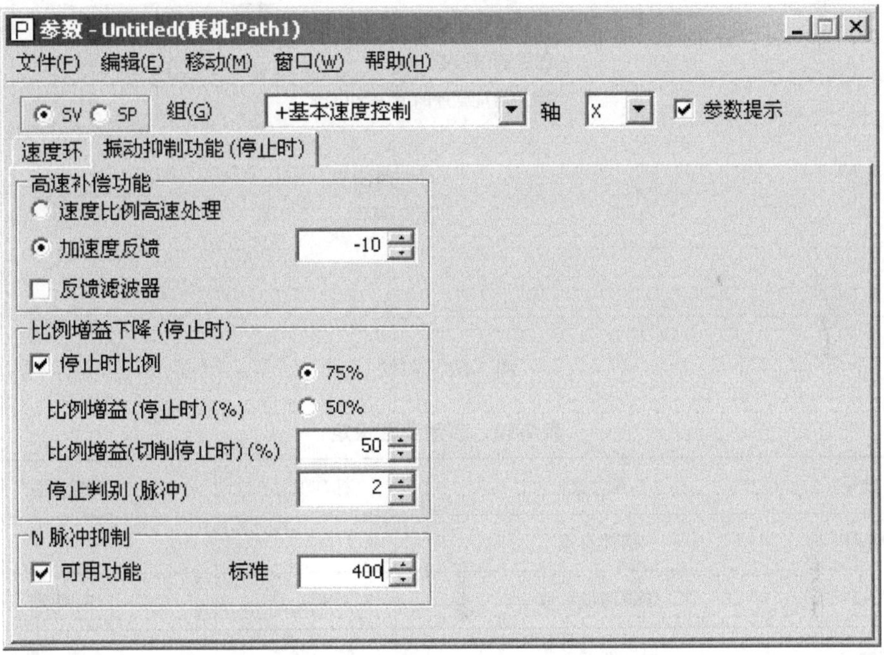

图 7-61 停止时的振动抑制

比例增益下降：通常为了提高系统响应特性或者负载惯量比较大时，应提高速度增益或者负载惯量比，但是设定过大的速度增益会在停止时发生高频振动。此功能可以将停止时的速度环比例增益（PK2V）下降，抑制停止时的振动，进而提高速度增益。

N 脉冲抑制：此功能能够抑制停止时由于电动机的微小跳动引起的机床振动。当在调整时，由于提高了速度增益，而引起了机床在停止时也出现了小范围的振荡（低频），从伺服调整画面的位置误差可看到，在没有给指令（停止时），误差在 0 左右变化。使用单脉冲抑制功能可以将此振荡消除，按以下步骤调整。

1）参数 2003#4＝1，如果振荡在 0~1 范围变化，设定此参数即可。

2）参数 2099，按以下公式计算。标志设定 400。

$$设定值＝\frac{4000000}{电机 1 转的位置反馈脉冲数}$$

（7）形状误差消除–前馈如图 7-62 所示，相关参数见表 7-10。

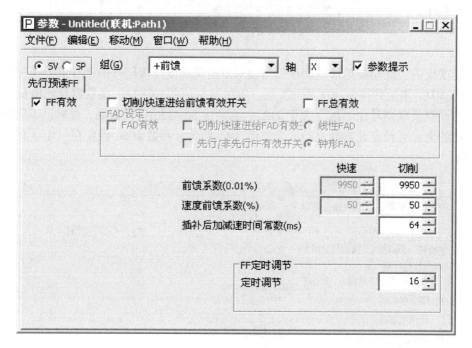

图 7-62 前馈

表 7-10 前馈参数设定

参数号	意　义	标准值	调整方法
2005#1	前馈有效	1	
2092	位置前馈系数	9900	走圆弧
2069	速度前馈系数	50~150	走直线，圆弧

（8）形状误差消除-背隙加速，如图 7-63 所示，相关参数见表 7-11。

注意：对于背隙补偿（1851）的设定值是通过实际测量机械间隙所得，在调整的时候为了获得的圆弧（走圆弧程序）直观，可将该参数设定为 1，调整完成后再改回原来设定值。

（9）超调补偿，如图 7-64 所示。

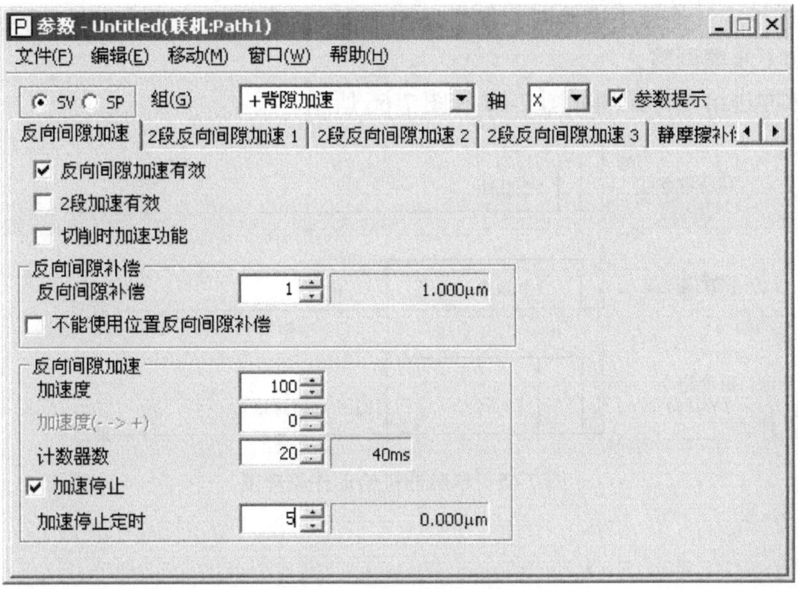

图 7-63 背隙补偿参数画面

表 7-11 背隙补偿参数设定

参数号	意 义	标准值	调整方法
2003#5	背隙加速有效	1	
1851	背隙补偿	1	调整后还原
2048	背隙加速量	100	走圆弧
2071	背隙加速计数	20	走圆弧
2048	背隙加速量	100	走圆弧
2009#7	加速停止	1	
2082	背隙加速停止量	5	

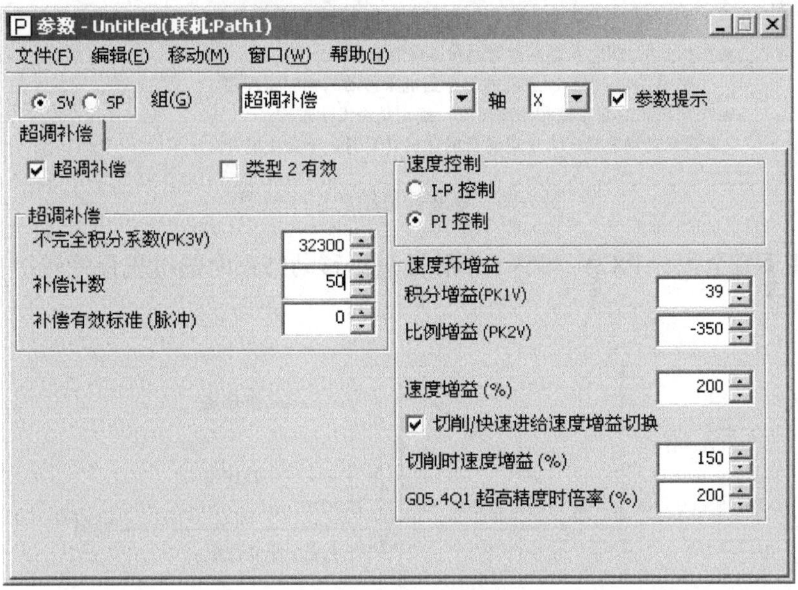

图 7-64 超调补偿画面

在手轮进给或其他微小进给时，发生过冲（指令 1 脉冲，走 2 个脉冲，再回来一个脉冲），可按如下步骤调整。

1）单脉冲进给动作原理如图 7-65 和图 7-66 所示。

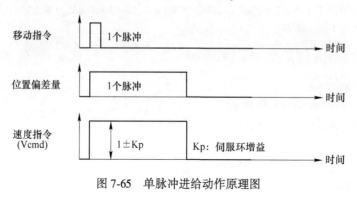

图 7-65　单脉冲进给动作原理图

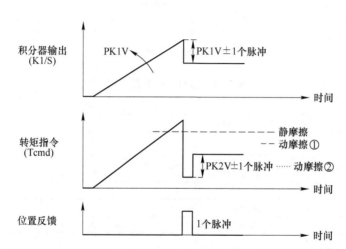

■ 在积分增益 PK1V 稳定和范围内尽可能取大值
　☞ 从给出 1 个脉冲进给的指令到机床移动的响应将提高
■ 根据机床的静摩擦和动摩擦值，确定是否发生过冲
　▶ 机床的动摩擦①大于电动机的保持转矩时，不发生过冲

图 7-66　单脉冲进给动作原理图

2）使用不完全积分 PK3V 调整 1 个脉冲进给移动结束时的电机保持转矩，如图 7-67 所示。

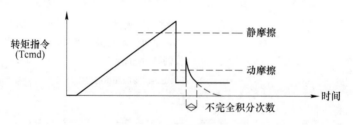

图 7-67　电机保持转矩

3）参数：2003#6＝1，2045＝32300 左右，2077＝50 左右。

注意：如果因为电机保持转矩大，用上述参数设定还不能克服过冲，可增加 2077 的设定值（以 10 为单位逐渐增加）。如果在停止时不稳定，是由于保持转矩太低，可减小 2077（以 10 为倍数）。

（10）保护停止设定如图 7-68 所示。

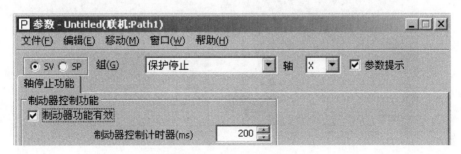

图 7-68　保护停止画面

一般重力轴的电机都带有制动器，在按急停或伺服报警时，由于制动器的动作时间长而产生的轴的跌落，可通过参数调整来避免。

参数调整：2005#6＝1；2083 设定延时时间（ms），一般设定 200 左右，具体要看机械重力的多少。如果该轴的放大器是 2 或 3 轴放大器，每个轴都要设定。时序图如图 7-69 所示。

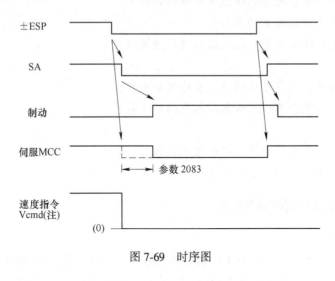

图 7-69　时序图

7.3　激光干涉仪对机床精度的检测

7.3.1　课题分析

图 7-70 所示是激光干涉仪对数控机床定位精度进行测量的照片，通过本书的学习，能够应用激光干涉仪对数控机床的精度进行检测，为数控机床的精度补偿提供可靠的数据。

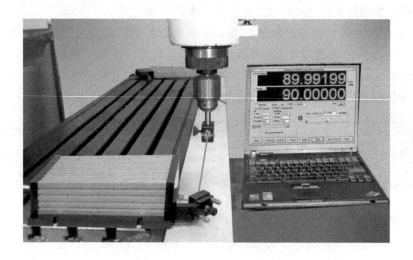

图 7-70 激光干涉仪对数控机床定位精度进行测量的照片

课题目的

(1) 理解数控机床定位精度的概念。

(2) 熟悉了解数控机床定位精度主要检验的内容。

(3) 了解激光干涉仪硬件的组成及各部件的功用。

(4) 掌握激光干涉仪安装的方法。

(5) 掌握激光干涉仪测量数控机床位置精度的方法。

课题重点

(1) 能够理解数控机床定位精度主要检验的内容。

(2) 能够利用激光干涉仪测量数控机床的位置精度。

课题难点

(1) 了解数控机床定位精度主要检验的内容。

(2) 利用激光干涉仪测量数控机床的位置精度。

7.3.2 数控机床定位精度检测与调整

7.3.2.1 概念

数控机床的定位精度是机床各坐标轴在数控系统控制下所能达到的位置精度。根据实测的定位精度数值，可以判断机床在自动加工中能达到的最好的加工精度。

7.3.2.2 检测条件

数控机床的定位精度检验必须在机床几何精度检验完成的基础上进行，检验前所检的数控机床也必须进行预热。

7.3.2.3 检测工具

检测工具有测微仪、成组块规、标准长度刻线尺、光学读数显微镜和双频激光干涉仪等。标准长度的检测以双频激光干涉仪为准。回转运动检测工具一般有 36 齿精确分度的标准转台、角度多面体、高精度圆光栅等。

7.3.2.4　检测内容

一般情况下，定位精度主要检验的内容：直线运动定位精度（X、Y、Z、U、V、W轴）、直线运动重复定位精度、直线运动轴机械原点的返回精度、直线运动失动量测定、回转运动定位精度（A、B、C轴）、回转运动重复定位精度、回转轴原点返回精度、回转运动失动量等。

（1）直线运动定位精度。直线运动定位精度的检验一般是在空载的条件下进行。按国际标准化组织（ISO）规定和国家标准规定，对数控机床的直线运动定位精度的检验应该以激光检测为准。如果没有激光检测的条件，可能用标准长度刻线尺进行比较测量。

视机床规格选择每20mm、50mm或100mm的间距，用数据输入法作正向和反向快速移动定位，测出实际值和指令值的离差。为反映多次定位中的全部误差，国际标准化组织规定每一个定位点进行5次数据测量，计算出均方根值和平均离差$\pm 3\sigma$构成的定位点离散误差带。

定位精度是以快速移动定位测量的。对一些进给传动链刚度不太好的数控机床，采用各种进给速度定位时会得到不同的定位精度曲线和不同的反向间隙。因此，质量不高的数控机床不可能加工出高精度的零件。

（2）直线运动重复定位精度。直线运动重复定位精度是反映坐标轴运动稳定性的基本指标，机床运动精度的稳定性决定了加工零件质量的稳定性和误差的一致性。

重复定位精度的检验所使用的检测仪器与检验定位精度所用的仪器相同。检验方法是在靠近被测坐标行程的中点及两端选择任意两个位置，每个位置用数据输入方式进行快速定位，在相同的条件下重复7次，测得停止位置的实际值与指令值的差值并计算标准偏差，取最大标准偏差1/2，加上正负符号即为该点的重复定位精度。取每个轴的三个位置中最大的标准偏差的1/2，加上正负符号后就为该坐标轴的重复定位精度。

（3）直线运动的回零精度。数控机床的每个坐标轴都需要有精确的定位起点，这个称为坐标轴的原点或参考点。它与程序编制中使用的工作坐标系、夹具安装基准有直接关系。

数控机床每次开机时回零精度要一致，因此要求原点的定位精度比坐标轴上任意点的重复定位精度要高。

进行直线运动的回零精度检验的目的一个是检测坐标轴的回零精度，另一个检测各轴回零的稳定性。

（4）直线运动失动量。坐标轴直线运动失动量又称直线运动反向差，简称反向间隙。

失动量的检验方法是在所检测的坐标轴的行程内，预先正向或反向移动一段距离后停止，并且以停止位置作为基准，再在同一方向给坐标轴一个移动指令值，使之移动一段距离，然后向反方向移动相同的距离，检测停止位置与基准位置之差。在靠近行程的中点及两端的三个位置上分别进行多次测定，求出各个位置上的平均值，以所得平均值中最大的值为失动量的检验值。

坐标轴的直线运动失动量是进给轴传动链上驱动元件的反向死区以及机械传动副的反向间隙和弹性变形等误差的综合反映。该误差越大，那么定位精度和重复定位精度就越差。如果失动量在全行程范围内均匀，可以通过数控系统的反向间隙补偿功能给予修正，但是补偿值越大，就表明影响该坐标轴定位误差的因素越多。

（5）回转轴运动精度。回转轴运动精度的检验方法与直线运动精度的测定方法相同，检测仪器是标准转台、平行光管、精密圆光栅。检测时要对 0°、90°、180°、270° 重点测量，要求这些角度的精度比其他角度的精度高一个数量级。

7.3.3 激光干涉仪对数控机床精度的检测

激光具有高强度、高度方向性、空间同调性、窄带宽和高度单色性等优点。目前常用来测量长度的干涉仪，主要是以迈克尔逊干涉仪为主，并以稳频氦氖激光为光源，构成一个具有干涉作用的测量系统。激光干涉仪可配合各种折射镜、反射镜等来做线性位置、速度、角度、真平度、真直度、平行度和垂直度等测量工作，并可作为精密工具机或测量仪器的校正工作。本书就以美国光动公司的 MCV-500 为例进行介绍。

7.3.3.1 MCV-500 成套性明细

MCV-500 成套性明细表见表 7-12。

表 7-12 MCV-500 成套性明细表

序号	代号	名　　称	数量
1	L-109	单光束激光头	1
2	P-108D	信号处理器	1
3	IATCP	自动温度气压补偿传感器	1
4	LD-21L	电缆组、接头	1
5	R-102A	0.5" 平行反射镜	1
6	LD-37	90°折光镜	1
7	LD-03	磁座	1
8	LD-03P	磁座加立柱	1
9	LD-14A	装置板	1
10	W-500	测长软件	1
11	LD-500	使用手册	1
12	LD-20D	手提箱	1

MCV-500 成套性配件图见表 7-13。

表 7-13 MCV-500 成套性配件图

序号	名　　称	外　　形
1	L-109 单光束激光头	

序号	名　　称	外　　形
2	P-108D 信号处理器	
3	LD-21L 电缆组、接头	
4	IATCP 自动温度气压补偿传感器	
5	LD-37　90°折光镜	
6	R-102A　0.5″平行反射镜	
7	LD-14A 装置板	LD-14A
8	LD-03P 磁座加立柱	

续表 7-13

序号	名　　称	外　　形
9	LD-03 磁座	 LD-03
10	LD-20D 包装箱	

MCV-500 主要技术指标明细表见表 7-14。

表 7-14　MCV-500 主要技术指标明细表

序号	技术指标名称	指　　标
1	激光稳定性	0.1×10^{-6}
2	分辨率	$0.01\mu m$
3	测量精度（不确定度）	1×10^{-6}（$1\mu m/m$）
4	测量范围	15m
5	光靶最大移动速度	3.6m/s
6	电源电压	90~245VAC
7	电源频率	50~60Hz
8	操作环境温度	5~38℃
9	高度	0~3000m
10	相对湿度	0~95%

7.3.3.2　MCV-500 直线位移测量

MCV-500 直线位移测量如图 7-71 所示。

测量步骤如下所述。

（1）组装激光头组。将 LD-14A 连接板与 LD-03P 磁座连接在一起。将 LD-37S 万向折光镜通过两个固定螺钉固定在 LD-14A 连接板上。将 LD-69 与 LD-109 激光头连接在一起。将 LD-109 激光头与 LD-14A 连接板连接在一起，使经 LD-69 出射的激光束能通过 LD-37S 万向折光镜的中心；若不通过请调整 LD-109 激光头与 LD-14A 连接板的相对位置和方向。

（2）固定激光头组。将机床主轴沿被测对角线方向移动到下顶端。将激光头组用磁座固定在工作台一角的顶端附近。调整激光头组的方向及 LD-37S 的方向和角度、使激光头发出的激光方向经 LD-37 反射后能大致平行于被测对角线方向。

（3）安装 LD-71S 靶标反光镜组。在机床主轴附近装上 LD-03A 磁座和连杆。在连杆上装上 LD-71S 平面反射镜、平面反射镜上装上金属保护罩，在金属保护罩中央放上磁性对光靶标。调节 LD-71S 的位置和角度，使 LD-71S 表面大致垂直于被测对角线方向。

（4）连接各种连接线。用 LD-21 电缆线连接 LD-109 激光头和 P-108D 处理器，连接时注意方向：红点对红点。将 IATCP（空气压力、温度及材料温度传感器）分别连接在 P-108D 处理器上，并将空气压力、温度及材料温度传感器分别安放在机床工作台上。连接 P-108D 处理器的电源线，为了用户和仪器的安全、电源必须有

图 7-71 直线位移测量（ISO-230-2）

良好的接地。打开 P-108D 处理器的电源开关，激光头正常出光。

（5）激光束打在磁性对光靶标中心。调节 LD-37S 的方向和角度。调节 LD-71S 靶标平面反射镜的位置、方向和角度。调节磁性对光靶标的位置。使激光束打在 LD-71S 磁性对光靶标中心。

（6）近调靶标。

1）在机床对角线近端位置、调整激光头组和 LD-71S 反光镜组的相对位置，使激光束打在磁性对光靶标的中心。

2）使机床沿被测对角线方向从近端向远端方向移动，到一定距离后、激光束将偏离磁性对光靶标，甚至到 LD-71S 反光镜的边缘，此时应停止机床运动，通过调整 LD-37S 反光镜后面的两只微调螺钉使激光束仍打在对光靶标中心。

（7）远调光。

1）直到对角线的最远端、通过调整 LD-37S 反光镜后面的两只微调螺钉使激光束打在对光靶标中心。

注意：在调整过程中严禁调节 LD-03A、LD-71S 及对光靶标的相对位置。

2）重复上述两个步骤直到机床沿被测对角线方向移动时激光束始终打在对光靶标的中心，此时激光束已平行于被测对角线的方向。

注意：此时严禁再移动激光头组及调整 LD-37S 反光镜。

（8）调靶标垂直于激光束。

1）使机床沿被测对角线方向移动到终端，调整 LD-03A 磁座、LD-71S 平面反射镜与激光束的相对位置，使激光束打在 LD-71S 反光镜的中央部位。

2）取下磁性对光靶标，取下 LD-71S 反光镜的金属保护罩，调节 LD-71S 反光镜背面的两只微调螺钉使经 LD-71S 反射的激光束完全返回到 LD-69 激光出射孔。

（9）检验对光好否。

1）检验测量过程中光强、计数是否正常。打开电脑进入直线位移测量界面单击"强度"测量激光光强，此时光强应为 100%，若光强低于 100%、可重复第（6）步骤。

2）使机床沿被测对角线方向反向移动到起始端观察对角线全程中的光强是否满足测

量要求，计数是否正常；若不满足要求则重复前面步骤。

3）按对角线分轴步进程序观察全过程的光强，计数是否正常。若有激光打在 LD-71S 反射镜通光区以外，造成计数不正常，则应通过调节 LD-03A、LD-71S 的相对位置使在分轴步进程序中激光均打在 LD-71S 反射镜通光区内。

4）对光口诀："近调靶标、远调光"。

（10）打开直线位移测量程序如图 7-72 所示。单击"直线测量"按钮进入直线位移测量程序。

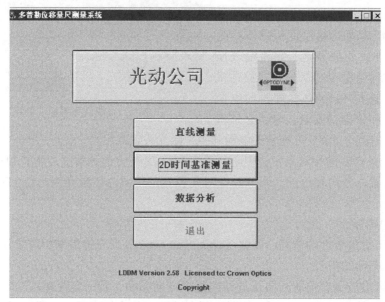

图 7-72　直线位移测量程序界面

直线位移测量界面如图 7-73 所示。

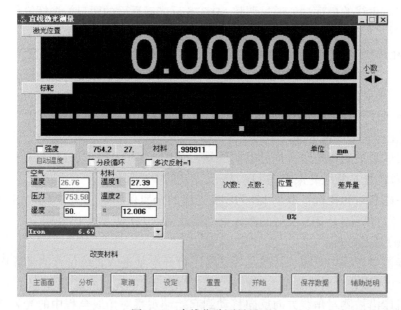

图 7-73　直线位移测量界面

在测量界面上观察光强如图 7-74 所示。

在直线位移测量界面单击"强度"按钮，可出现表示接收激光强度的蓝色光柱。对光结束后测量时单击"强度"按钮，关闭光强测量。

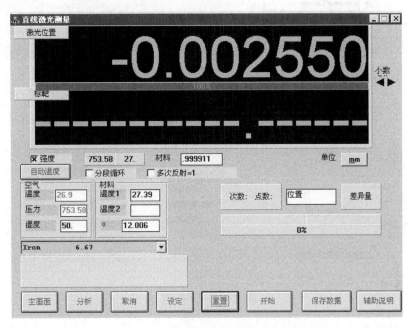

图 7-74 在测量界面上观察光强

（11）进入参数设置界面，如图 7-75 所示。

1）在直线位移测量界面单击"设定"按钮，可进入测量要素设置界面。

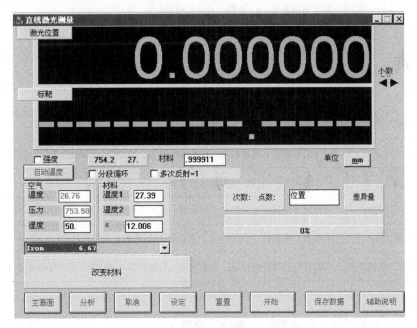

图 7-75 测量要素设置界面

2）设置界面如图 7-76 所示。

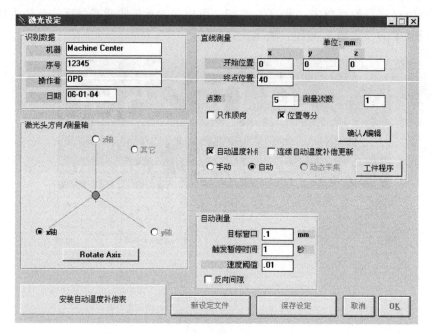

图 7-76　设置界面

3）设置具体要素见表 7-15。

表 7-15　设置具体要素

序号	测量要素	仪 器 实 际 性 能
1	测量轴	可任选测量 X、Y、Z 轴，也可旋转坐标系
2	测量点数	可设置：2~9999 点
3	测量次数	可设置：1~7 次
4	测量方向	可选择：单向测量或双向测量
5	采样方式	可选择：自动测量或手动测量
6	温度气压补偿	可按实际温度、气压对激光波长进行修正，也可按标准温度、气压进行测量
7	材料温度补偿	可按机床实际温度、线膨胀系数对检测结果进行修正
8	反向间隙	可测测量轴线起点、终点反向间隙、也可不测
9	测量间隔	可选择：等距离（自动生成）或非等距离测量
10	自动测量的有关参数	在选择自动测量情况下、需要设定：目标窗口（误差大小）、自动滞留时间、速度阀

4）选择（输入）具体要素。

①被测机床有关信息：机床型号、编号、测量人员。

②选择测量坐标系及测量轴。

③选择起始点坐标、终点坐标。

④选择测量点数、点数＝等分数+1。

⑤选择测量次数、最多7次。

注意：GB、ISO、VDI、B5标准要求为5次；NMTBA标准要求为7次。

⑥选择单方向测量还是双向测量，选择单方向测量请单击。

5）等距离（非等距离）测量。

①选择等距离测量请单击。

②在选择等距离测量情况下可单击确认/编辑后从点、位置列表中复核起始点、中间点及终点的实际坐标位置。

③若选择非等距离测量、请单击确认/编辑后在点、位置列表中可逐点修改每点的坐标位置。

6）自动温度、压力补偿。

①在常温情况下进行测量，为了保证测量的结果可以换算到标准温度和标准气压情况下的测量结果请务必选择自动温度、压力补偿。

②若测量环境的温度变化较明显请选择连续自动温度、压力补偿。

7）手工测量、自动测量。

①选择手工测量还是自动测量，请单击进行选择。

②在自动测量的情况下，被测机床应编制相应的检测程序。

③在自动测量的情况下还应设定自动测量的三要素和是否选择背隙测量。

8）自动测量的三要素。

①目标窗口：即为误差的大小，推荐值为0.5~1mm。

②自动滞留：即计算机判别机床已停止运动到开始采样之间的间隔时间。小机床推荐取0.1~1s，大机床推荐取1~3s，而机床每点实际暂停时间应在此值上再增加3~4s。

③速度门槛：推荐值为0.01；计算机每秒读取10个数据，每次读取数据的间隔时间为0.1s，当二次读取数值的差值≤0.01μm时，计算机判别机床已停止。

④只有当上述三条件都满足情况下计算机才会实现自动测量的采样。

9）背隙测量。

①选择是否进行背隙测量，选择请单击。

②选择背隙测量时按ISO 230-2：1997标准规定的标准检验循环编制机床操作程序。

③标准检验循环要求机床在到达终点后，必须再走一步超过终点（不采样）以后，再回到终点（采样），再开始回程测量（或第二次测量）。

④建议超过两端终点的距离为2mm。

10）保存设置方案。

①在设置界面输入各设置要素后可对该设置方案进行保存。

②保存方法：在设置界面单击"保存设定"按钮，以便以后随时重复使用该设置文件。建议以机床的型号、测量的坐标轴、测量的长度、测量的次数等数字组合的文件名来保存设置文件以便以后查找，设置文件扩展名为：Lcf。

11）需要保存的设置方案，单击"保存设定"按钮，如图7-77所示。

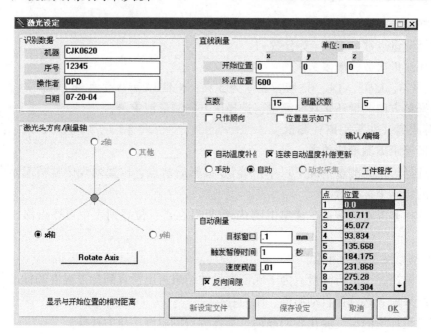

图 7-77　设定保存界面

12）保存设置方案输入文件名，单击"保存"按钮，如图 7-78 所示。

图 7-78　保存设定

13）确认保存设置，单击"是"按钮，如图 7-79 所示。

14）打开原已保存的设置方案。

①在设置界面单击"新设定文件"按钮，可以打开以前保存的设置文件。

②如要复核每点的具体测量位置，可单击"确认/编辑"按钮，复核每点的具体测量位置。

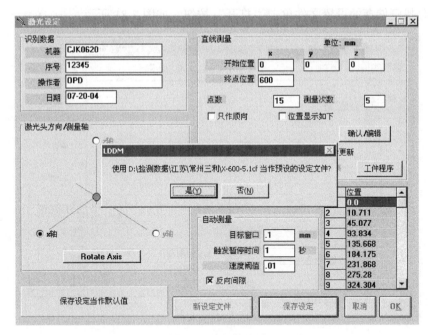

图 7-79 保存设置

③可将原设置的文件进行修改后，单击"保存"按钮设定后用新的文件名进行保存。

④也可将原设置的文件进行修改后，单击"保存"按钮设定用原来的文件名进行保存，以替代原来的设置。

⑤在设置界面单击"OK"按钮，返回测量界面。

15）进入设置界面单击"新设定文件"按钮，如图 7-80 所示。

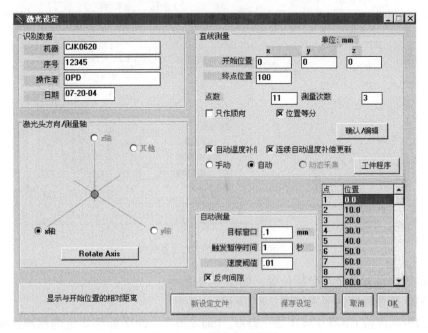

图 7-80 新设定文件设置

16）寻找已储存的设置文件单击"打开"按钮，如图7-81所示。

图7-81 寻找已储存的设置文件

17）打开已储存的设置文件单击"确认/编辑"按钮，如图7-82所示。

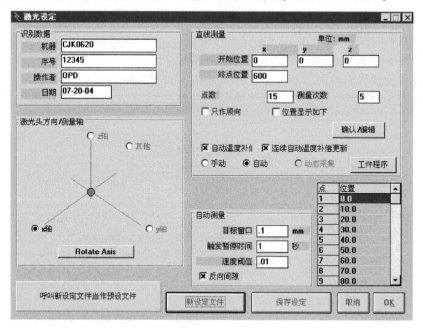

图7-82 打开已储存的设置文件

18）出现原设置测量点坐标位置，如图7-83所示。

19）机床测量程序的要求如图7-84所示。

被检测机床应按GB/T 17421.2—2000、ISO 230-2：1997标准规定的标准检验循环编制机床操作程序（每点停4~6s）。

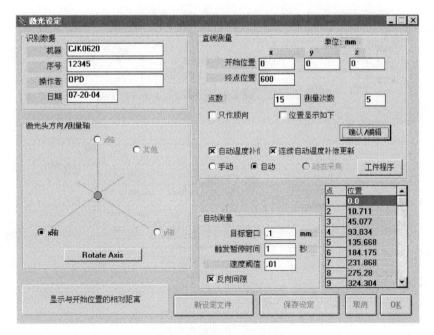

图 7-83 测量点坐标位置

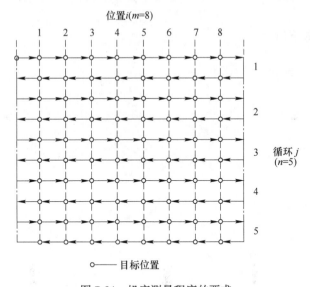

图 7-84 机床测量程序的要求

20）选择背隙测量时机床的测量程序。

①对于选择"背隙测量"的、编制机床测量程序时在到达两端终点（起点）后，应再走一步超过终点约 2mm（不采样）、再回到终点（起点）采样，再开始进一步测量。

②即按 GB/T 17421.2—2000、ISO 230-2：1997 标准规定的标准检验循环编制机床操作程序。

21）生成机床程序如图 7-85 所示。

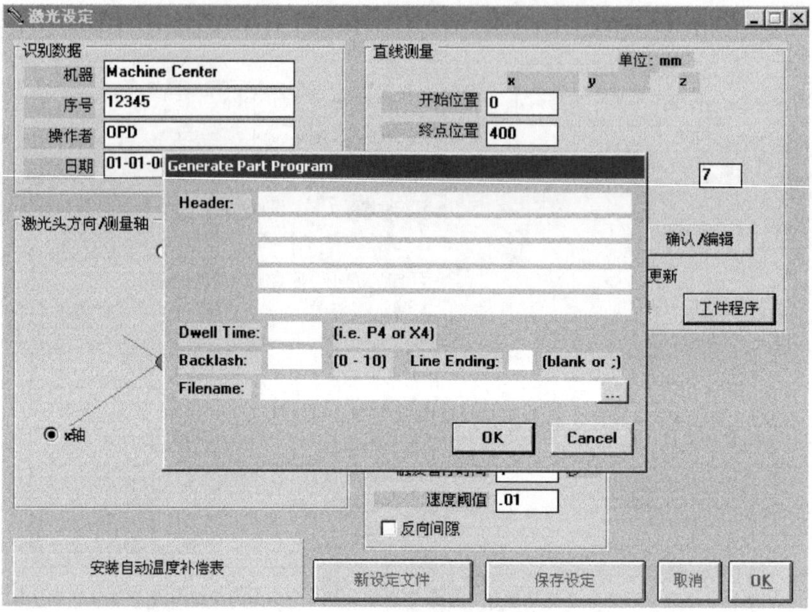

图 7-85 生成机床程序

设置结束后，在设置界面单击"工件程序"按钮，进入工件程序编写窗口，编写工件程序。

22）机床程序如下所示。

```
O0001
#1000=100
#1001=4
G90G00Z0
X5
G04X#1001
G91Z#1000
G04X#1001
Z#1000
G04X#1001
Z#1000
G04X#1001
Z#1000
G04X#1001
Z5
Z-5
G04X#1001
Z-#1000
G04X#1001
Z-#1000
G04X#1001
```

```
Z-#1000
G04X#1001
Z-#1000
M30
```

23）测量界面如图 7-86 所示。

从设置界面单击"OK"按钮返回测量界面。

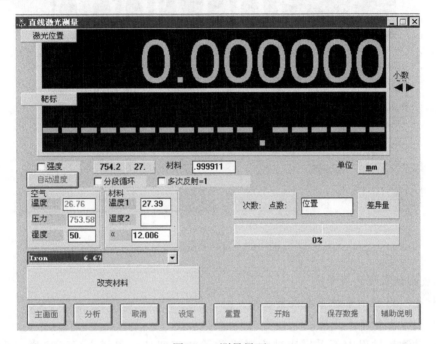

图 7-86 测量界面

24）自动测量界面如图 7-87 所示。

25）自动测量步骤。

①移动被测轴，使 R-103 平行反射镜移动到达测量轴的起始点坐标位置，为减少背隙的影响，R-103 平行反射镜应顺着测量方向到达起始点。

②并根据测试精度的需要合理选择显示数值小数点后面位数。

③单击"重置"按钮，使激光位移窗口显示为 0.000000，单击"开始"按钮，即"采样"，对测试坐标原点进行采样（此时红灯亮），对测试坐标原点采样结束后（转为绿灯亮），同时显示第一次，第二点的目标位置及差异。

④开动机械、使被测轴按编制的程序进行运动，机械每暂停一次、计算机就自动采样一点，直到全部采样工作结束。

⑤采样结束后计算机会提示是否保存测试数据，单击"OK"按钮为保存数据、输入文件名、保存，直线位移测量文件扩展名为：Lin。

注意： 自动测量红绿黄灯，自动测量过程中红、绿、黄灯表示仪器处于三种不同工作状态：

"绿灯亮"时提示程序可以进行下一个测量值的读数，被测机床可以运动到下一位置。

"黄灯亮"时显示靶标反射镜的移动速度低于仪器自动测量的速度门槛值，需要稍等

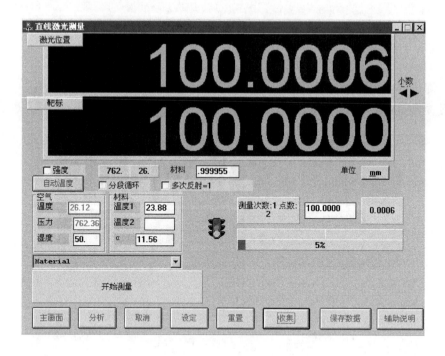

图 7-87　自动测量界面

片刻来完成测试数据的采集。

"红灯亮"时显示系统正在采集数据。

（12）自动测量中不采样。

1）自动测量过程中不采样表现为激光位置的值到某一采样点后不采样（即红灯不亮），由于机床继续运动、激光位置在不断变化，而靶标仍显示原来的采样点坐标。

2）其原因主要是自动采样三要素中某一要素没有满足而无法自动采样。

3）不采样的原因。

①不采样的原因之一。

现象：单击重置、单击开始对测量原点采样还未结束（即应由红灯亮转为绿灯亮）机床就已开始运动。

处理办法：重新开始对测量起始点位置的采样。

②不采样的原因之二。

现象：机床运动暂停点坐标位置与设置测量点坐标位置不一致。

处理办法：使机床运动暂停点坐标与 LDDM 设置测量点坐标位置完全一致。

③不采样的原因之三。

现象：机床暂停时间较短。

处理办法：若设自动滞留为 1s，机床编程中每点暂停时间仅为 2~3s，这样在测量过程中有部分点在暂停时由于机床的惯性，无法完全停下来而不能保证在自动滞留 1s 以后有计算机所需的采样时间，则计算机将无法采样。机床编程中每点暂停时间增加到 4~5s，对于大型机床建议每点暂停时间为 6~7s。减少仪器自动滞留时间，可由 1s 改小为 0.1s。

④不采样的原因之四。

现象：在选择背隙测量情况下，到返程（或第二次第一点）无法正常采样。产生原因是机床在到达终点后，必须再走一步超过终点（不采样）以后，再回到终点（采样），再开始回程测量（或第二次测量）。

处理办法：按背隙测量要求对机床运动重新编程，在测量两端点以后再走前进一步（距离为2mm），再开始回程测量。进入位移测量设置界面重新设置，取消背隙测量。机床在到达终点后，虽然再走一步超过了终点，但距离太小，建议超过距离为2mm。

⑤不采样的原因之五。

现象：目标窗口设置太小。如目标窗口设置为0.1mm，而该点的实际误差为0.101mm，则误差值已大于目标窗口设置值，无法进行自动采样。

处理办法：目标窗口设置值改大，建议目标窗口设置值改为0.2~0.5mm。

⑥测量中断光的处理。

在测量过程中因意外原因造成激光中断，在测量界面会出现如图7-88所示。

（13）进入分析菜单界面。

从位移测量界面单击"分析"按钮进入分析界面，如图7-89所示。本方法仅适用于电脑连接仪器，仪器开机情况下进入分析界面。

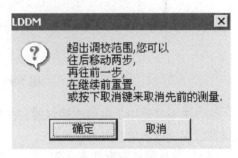

图7-88 测量中断光的处理

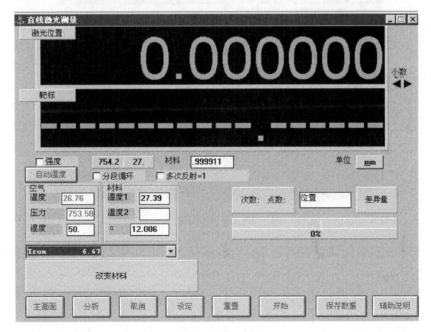

图7-89 分析菜单界面

（14）进入分析菜单界面。

从主菜单单击"分析数据"按钮，进入分析菜单界面，如图7-90所示。

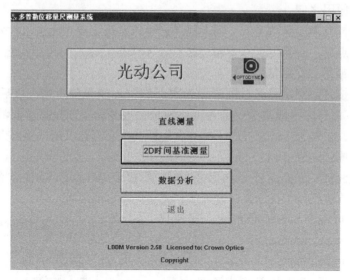

图 7-90 进入分析界面

该方法不仅适用于电脑连接仪器，仪器开机情况下进入分析界面，也适用于电脑不连接仪器情况下进入分析界面。

（15）寻找测试数据如图 7-91 所示。单击"开启"按钮寻找保存的测试数据文件。

图 7-91 寻找测试数据

（16）打开测试数据如图 7-92 所示。打开保存的测试数据文件，直线位移测量存储文件的扩展名：lin。

（17）测量原始数据如图 7-93 所示。打开存储文件，出现每次、每点测量的原始数据。

（18）误差数据如图 7-94 所示。单击"分析"→"误差"，进入确认测量数据（次数、正向、反向）的对话框。选择后，单击"OK"按钮，出现每次测量每点的误差值。

（19）误差图标分析。单击"图表"按钮，进入图形分析画面，如图 7-95 所示。

（20）补偿后数据比较，如图 7-96 和图 7-97 所示。

图 7-92 打开测试数据

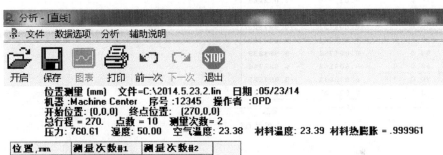

图 7-93 测量原始数据

图 7-94 误差数据

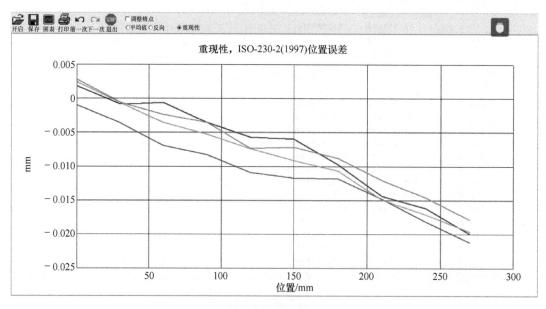

图 7-95 补偿前图

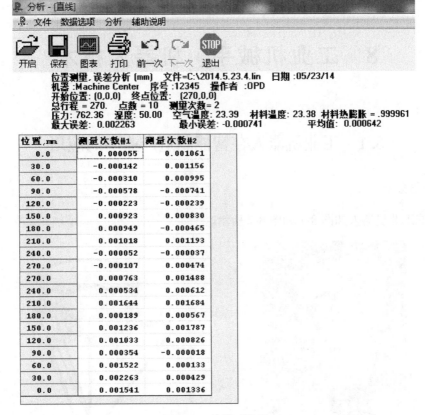

图 7-96 补偿后数据

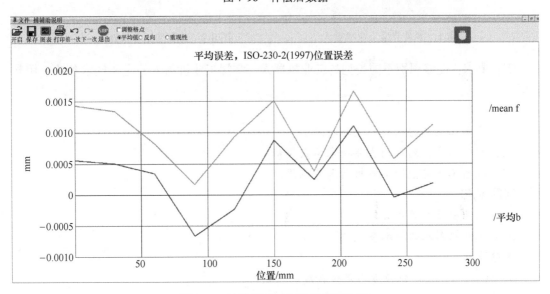

图 7-97 补偿后图（与补偿前作比较）

（21）接下来就将测试数据填入误差补偿数据表，将数据表中定位精度、重复定位精度、反向间隙的计算结果按照不同系统的要求写入机床中，即可完成对数控机床的位置精度的补偿。

8 工业机械手、机器人技术

8.1 工业机器人在智能制造产业中的应用

8.1.1 课题分析

常用的工业机器人如图 8-1 和图 8-2 所示。

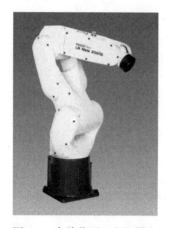

图 8-1 多关节型工业机器人　　图 8-2 并联型工业机器人

工作要求：能够识别不同类型的工业机器人，掌握工业机器人的主要技术参数应用与选型。

课题目的

(1) 了解工业机器人的定义与特点。

(2) 掌握工业机器人的主要技术参数指标。

(3) 熟悉不同类型的工业机器人的应用。

课题重点

(1) 工业机器人的定义。

(2) 工业机器人的技术参数。

课题难点

工业机器人重复定位精度与定位精度的区别。

8.1.2 工业机器人的定义

在现代科技日益发达的今天，生活中有越来越多的场景开始应用机器人，比如扫地机器人、AI 机器人等。在工业生产中，随着自动化程度的日益提高，在生产中也有越来越多的场景开始使用机器人，在工业生产中应用的机器人称为工业机器人，由于工业机器人还在不断地发展，新的机型、新的功能不断涌现，因此对于工业机器人的定义也有很多种，下面介绍国际上对于工业机器人给出的几种定义。

我国对工业机器人的定义：工业机器人是一种自动化的机器，所不同的是，这种机器具备一些与人或生物相似的能力，如感知能力、规划能力、动作能力和协调能力，是一种具有高度灵活性的自动化设备。

美国机器人协会的定义：工业机器人是一种用于移动各种材料、零件、工具或专用装置的，通过可编程序的动作来执行多种任务的，并具有编程能力的多功能机械手。

日本工业机器人协会的定义：工业机器人是一种装备有记忆装置和末端执行器的，能够转动并通过自动完成各种移动来代替人类劳动的通用机器。

国际标准化组织的定义：工业机器人是一种自动的、位置可控的、具有编程能力的多功能机械手。

由此可知，工业机器人是面向工业领域的多关节机械手或多自由度机器装置，它能自动执行工作，靠自身动力和控制能力来实现各种功能的一种机器。

8.1.3 工业机器人的分类

目前在世界范围内还没有统一的工业机器人分类标准，有的依据工业机器人的重量进行分类，有的依据控制方式进行分类，还有的依据结构特征进行分类。本章主要介绍按结构特征分类的方法。

按结构特征来分，工业机器人通常可以分为直角坐标机器人、柱面坐标机器人、球面坐标机器人、多关节机器人、并联机器人。

8.1.3.1 直角坐标机器人

直角坐标机器人在空间上具有互相垂直的移动关节，每个关节都可以在独立方向上移动，如图8-3所示。直角坐标型的机器人结构简单，定位精度高适用于直线高速移动。但由于其结构占据空间大，灵活性相对较差。主要适用于焊接、搬运、上下料等场合。

8.1.3.2 柱面坐标机器人

柱面坐标机器人由一个旋转基座、垂直移动轴、水平移动轴构成，如图8-4所示。柱面坐标机器人空间结构小，工作范围广，刚性好。但由于结构的关系，机器人只能沿着轴线进行前后方向移动，空间利用率较低。主要适用于搬运场合。

图8-3 直角坐标机器人

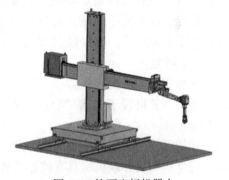

图8-4 柱面坐标机器人

8.1.3.3 球面坐标机器人

球面坐标机器人一般由两个回转关节和一个移动关节构成，动作空间形成球面的一部分，如图 8-5 所示。机械手能够做前后伸缩移动、上下摆动以及绕底座旋转。球面坐标机器人的结构紧凑，空间体积小，操作灵活，但由于运动学模型较复杂，难以控制，因此暂无较多应用。

8.1.3.4 多关节机器人

多关节工业机器人是当今工业领域应用最为广泛的一种机器人。多关节机器人根据关节结构的不同，又可以分为垂直多关节机器人与水平多关节机器人。

垂直多关节机器人一般由垂直于地面的腰部旋转轴带动小臂旋转的肘部旋转轴以及小臂前端的手腕等构成，如图 8-6 所示。其结构紧凑，工作空间大，工作接近人类，适用于装配、焊接、喷涂等场合。

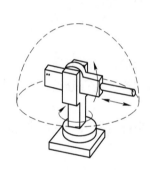

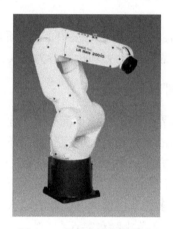

图 8-5 球面坐标机器人   图 8-6 垂直多关节机器人

水平多关节机器人由两个能够在水平面内旋转的手臂串联而成，如图 8-7 所示。动作空间为圆柱体，使用起来比较方便，在垂直升降方面刚性较好，适合应用于平面装配作业，广泛应用于电子元件的装配、搬运等场合。

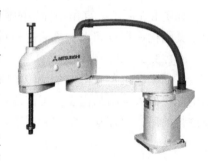

8.1.3.5 并联机器人

并联机器人一般是由固定基座、两条以上的独立运动链以及若干自由度的末端执行器组成的一种新型机器人，如图 8-8 所示。与串联机器人相比，并联机器人具有以下特点：

图 8-7 水平多关节机器人

（1）无累积误差，精度较高。

（2）驱动装置可置于定部平台或接近定部平台的位置，这样运动部分重量轻，速度高，动态响应好。

（3）结构紧凑，刚度高，承载能力大。

（4）完全对称的并联机构具有较好的各向同性。

（5）工作空间较小。

根据这些特点，并联机器人在需要高刚度、高精度或者大载荷而无须很大工作空间的领域内得到了广泛应用。

8.1.4 主要技术参数

尽管工业机器人的种类、品牌、用途有很多且不尽相同，但主要的技术参数都是大相径庭的，且具有一定的通用性，主要包括自由度、定位精度、重复定位精度、工作范围等。

8.1.4.1 自由度

自由度也称为轴，是指工业机器人所具有的独立坐标轴运动的数目，不包括末端执行器的开合自由度，这一参数反映了机器人的动作灵活性。自由度越多，机器人就越灵活，但结构也越复杂，一般工业机器人的自由度为 3~6 个，如图 8-9 所示。

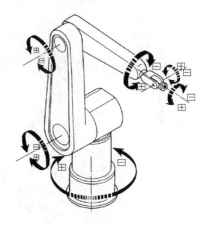

图 8-8　并联机器人　　　　　　图 8-9　工业机器人的自由度

8.1.4.2 定位精度

定位精度是指工业机器人末端执行器到达某一点的实际位置与目标位置之间的偏差。一般由机械误差、伺服电机分辨率等原因造成。

8.1.4.3 重复定位精度

重复定位精度是指工业机器人重复定位其末端执行器于同一点的能力。工业机器人具有绝对定位精度低、重复定位精度高的特点。

8.1.4.4 工作范围

工作范围也称为工作空间，是工业机器人在执行任务时，其手腕参考点所能掠过的空间，常用图形表示，如图 8-10 所示。由于工作范围的形状和大小反映了工业机器人工作能力的大小，因此这一参数对于机器人的应用十分重要。

8.1.5 典型应用举例

8.1.5.1 搬运机器人应用

搬运机器人是生产线中最常见的应用，广泛应用于食品、包装等行业，如图 8-11 所示。搬运机器人的出现对保障人身安全，提高生产效率，降低生产成本有着十分重要的意义。

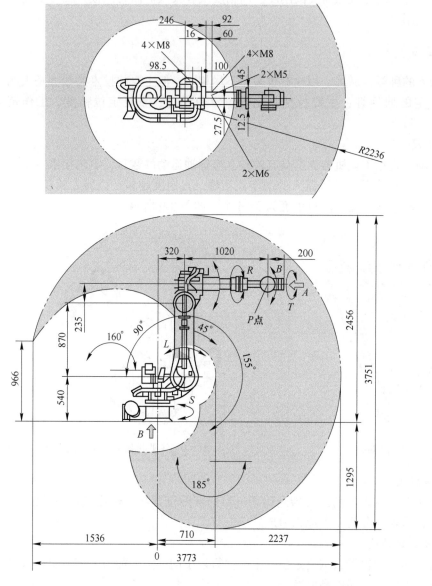

图 8-10 工业机器人的工作范围

8.1.5.2 码垛机器人应用

在码垛机器人问世前，码垛作业的发展经历了人工码垛与码垛机码垛两个阶段。码垛机器人的出现提高了码垛作业的效率，提升了物流流转速度，减少了物料的浪费与破损，大大提升了码垛作业的自动化与智能化，如图 8-12 所示。

8.1.5.3 焊接机器人应用

焊接加工是一项高温、高烟尘、高危险性的工作。同时焊接加工对于作业人员有着较高的技术要求。焊接机器人的出现不仅可以使劳动者从"三高"环境中解放出来，减轻劳动强度。同时应用焊接机器人进行焊接加工也能保证焊接的质量以及提高生产效率，如图 8-13所示。

图 8-11　搬运机器人应用于产品包装生产线

图 8-12　码垛机器人码垛物料应用

图 8-13　焊接机器人应用于弧焊加工

8.2 发那科 Mate200iD-4S 机器人应用

8.2.1 课题分析

发那科 Mate200iD-4S 的基本组成如图 8-14 所示。

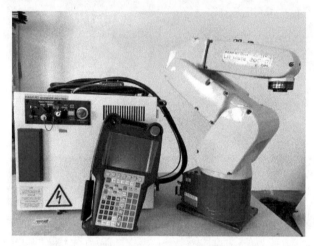

图 8-14 发那科 Mate200iD-4S 的基本组成

工作要求：能够识别不同类型的工业机器人，掌握工业机器人的主要技术参数应用与选型。

课题目的

(1) 了解发那科机器人本体的构成。

(2) 了解示教器的功能。

(3) 了解控制柜的构成。

课题重点

(1) 示教器按键功能的作用。

(2) 控制柜面板按钮的使用。

课题难点

示教器按键功能的作用。

8.2.2 示教器介绍

示教器是工业机器人的人机交互接口，如图 8-15 所示。机器人的绝大部分操作都是通过示教器来完成的，例如：手动操作机器人进行点动运行，在线编程、调试机器人程序、设定运行参数、查阅机器人状态、报警信息等。示教器通过电缆与控制柜进行连接。下面介绍示教器上各开关与按钮的功能及显示区菜单功能。

8.2.2.1 示教器开关

(1) 示教器有效开关：用于将示教器置于有效状态。示教器处于无效状态时，点动运行、程序创建、程序测试执行都无法进行。

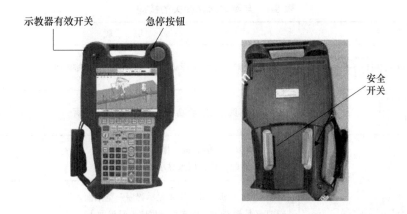

图 8-15　发那科机器人示教器

（2）安全开关：该开关具有三档位置，当按到中间位置时，为有效状态可操作机器人移动。如松开手或者用力将其握住，机器人则就会停止无法移动。

（3）急停按钮：不管示教器有效开关的状态如何，当机器人遇到紧急情况，按下急停按钮，机器人都会停止。

8.2.2.2　示教器按键

示教器按键由与菜单相关的按键、与手动操作机器人运动相关的按键、与程序执行相关的按键、与编辑相关的按键及其他按键组成，如图 8-16 所示。

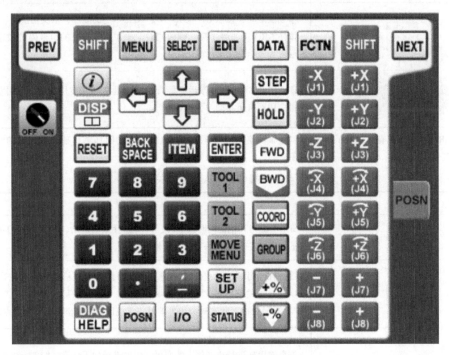

图 8-16　发那科机器人按键

示教器按键具体功能见表 8-1~表 8-4。

表 8-1 与菜单选择相关的按键

按 键	功 能
F1 F2 F3 F4 F5	功能键（F），用来选择画面最下行的功能键菜单
NEXT	NEXT（翻页）键，将功能键菜单切换到下一页
MENU FCTN	按下 MENU（菜单）键，显示出画面菜单。 FCTN（辅助）键，用来显示辅助菜单
SELECT EDIT DATA	SELECT（一览）键，用来显示程序一览画面。 EDIT（编辑）键，用来显示程序编辑界面。 DATA（数据）键，用来显示数据画面
POSN	POSN（位置显示）键，用来显示当前位置画面
DISP	单独按下的情况下，移动操作对象画面。 在与 SHIFT 键同时按下的情况下，分割屏幕（单屏、双屏、三屏）
DIAG HELP	单独按下的情况下，移动到提示画面。 在与 SHIFT 键同时按下的情况下，移动到报警界面
GROUP	单独按下时，按照 G1→G1S→G2→G2S→…的顺序，依次切换组、副组。 按住 GROUP（组切换）键的同时，按住希望变更的组号码的数字键，即可变更为该组
TOOL1 TOOL2 MOVE MENU SET UP	HANDLING TOOL（搬运工具），示教器上的应用专用按键。应用专用按键根据应用而有所不同

注：GROUP 键，只有在订购了多动作和附加轴控制的软件选项，追加并启动附加轴和独立附加轴的情况下才有效。

表 8-2 与手动操作机器人运动相关的按键

按 键	功 能
SHIFT	SHIFT 键与其他键同时按下时，可以进行点动进给、位置数据的示教、程序的启动。左右的 SHIFT 键功能相同
COORD	COORD（手动进给坐标系）键，用来切换手动进给坐标系。依次进行如下切换；"关节"→"手动"→"世界"→"工具"→"用户"→"关节"。当同时按下此键与 SHIFT 键时，出现用来进行坐标系切换的点动菜单
+% -%	倍率键用来进行速度倍率的变更。依次进行如下切换："VFINE（微速）"→"FINE（低速）"→"1%→5%→50%→100%"（5% 以下时以 1% 为刻度切换，5% 以上时以 5% 为刻度切换）

续表 8-2

按　键	功　能
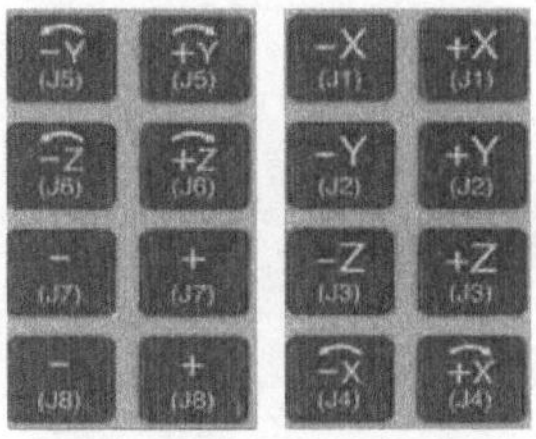	点动键，与 SHIFT 键同时按下可以进行点动进给。 J7、J8 用于同一群组内的附加轴点动进给。但是，5 轴机器人和 4 轴机器人等不到 6 轴的机器人的情况下，从空闲中的按键起依次使用（例：5 轴机器人上，将 J6、J7、J8 键用于附加轴的点动进给）。 ※J7、J8 键的效果设定可进行变更。详情请参照相关说明书

表 8-3　与程序执行相关的按键

按　键	功　能
	FWD（前进）键、BWD（后退）键（+SHIFT 键）用于程序的启动。 程序执行中松开 SHIFT 键时，程序执行暂停
	HOLD（暂停）键，用来中断程序的执行
	STEP（单步/连续）键，用于测试运转时的单步执行和连续执行的切换

表 8-4　与编程相关的按键

按　键	功　能
	PREV（返回）键，用于返回到上一级。只有从属关系的菜单才能够返回。相互独立的菜单或界面不能返回
	ENTER（输入）键，用于数值的输入和菜单的选择
	BACK SPACE（取消）键，用来删除光标位置之前一个字符或数字
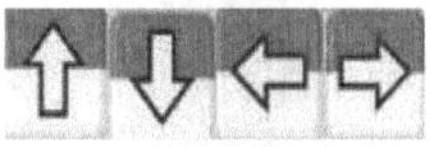	光标键用来移动光标
	ITEM（项目选择）键，用于输入行号后移动光标至该行

8.2.2.3　示教器画面

示教器的画面主要用于显示各种状态及报警信息，如图 8-17 所示。

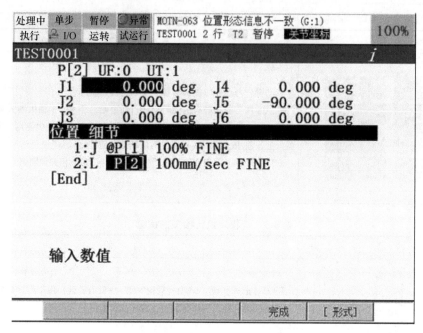

图 8-17 发那科机器人显示画面

A 状态窗口

示教器的显示画面的顶部窗口叫作状态窗口,上面有 8 个 LED 指示灯、报警显示、倍率值。当 LED 指示灯带图标显示时,表示 ON,当不带图标显示时,表示 OFF,如图 8-18 所示。

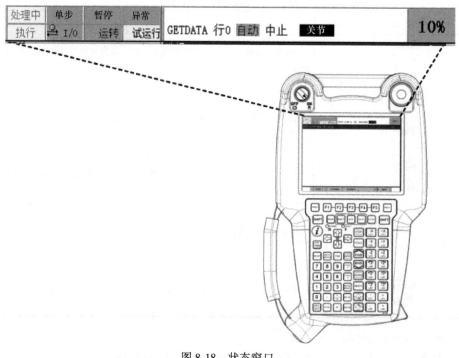

图 8-18 状态窗口

8 个 LED 的功能见表 8-5。

表 8-5　8 个 LED 的功能

显示 LED （上段表示 ON，下段表示 OFF）		含　　义
处理中	处理 / 处理	表示机器人正在进行某项作业
单段	单段 / 单段	表示处在单段运转模式下
暂停	暂停 / 暂停	表示按下了 HOLD（暂停）按钮，或者输入了 HOLD 信号
异常	异常 / 异常	表示发生了异常
执行	实行 / 实行	表示正在执行程序
I/O	I/O / I/O	这是应用程序固有的 LED。这里，示出了搬运工具的例子
运转	运转 / 运转	这是应用程序固有的 LED。这里，示出了搬运工具的例子
试运行	测试中 / 测试中	这是应用程序固有的 LED。这里，示出了搬运工具的例子

B　主菜单

主菜单用于选择各功能菜单，功能菜单的种类如图 8-19 所示，要进入主菜单的显示，按下示教器上的 MENU 键即可。

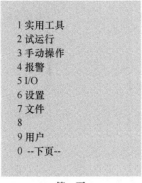

第一页

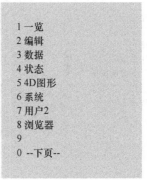

第二页

图 8-19　主菜单画面

主菜单功能见表 8-6。

表 8-6 主菜单功能

条 目	功 能
实用工具	使用各类机器人的功能
试运行	进行测试运转用的设定
手动操作	手动执行宏指令
报警	显示发生的报警和过去报警履历以及详细情况
I/O	进行各类 I/O 的状态显示、手动输出、仿真输入/输出、信号的分配、注解的输入
文件	进行程序、系统变量、数值寄存器文件的加载和保存
设置	进行系统的各种设定
用户	在执行消息指令时显示用户消息
一览	显示程序一览。也可进行创建、复制、删除等操作
编辑	进行程序的示教、修改、执行
数据	显示数位寄存器、位置寄存器和码垛寄存器的值
状态	显示系统的状态
4D 图形	显示 3D 画面。同时显示现在位置的位置数据
系统	进行系统变量的设定、零点标定的设定等
用户 2	显示从 KAREL 程序输出的消息
浏览器	进行网络上的 Web 网页的浏览

C 辅助菜单

按下示教器上的 FCTN 键，显示辅助菜单画面，如图 8-20 所示。

第一页 第二页 第三页

图 8-20 辅助菜单画面

辅助菜单功能见表8-7。

表 8-7　辅助菜单功能

条　目	功　能
程序结束	强制结束功能执行中或暂停中的程序
禁止前进后退	禁止或解除从示教器启动程序
改变群组	在点动进给中，进行动作群组的切换。只有在设定了多组的情况下予以显示
切换副群组	在点动进给中，进行机器人标准轴和附加轴之间的切换。只有在设定了附加轴的情况下予以显示
切换姿势控制操作	在点动进给中，进行姿势控制进给和手腕关节进给（不通过直线点动进给来保持手腕姿势）之间的切换
解除等待	跳过当前执行中的等待指令。解除等待时，程序的执行在等待指令的下一行暂停
简易/全画面切换	用来切换通常的画面菜单和快捷菜单
保存	将与当前显示的画面相关的数据保存在外部存储装置中
打印画面	原样打印当前所显示的画面显示内容
打印	用于程序、系统变量的打印
所有的 I/O 仿真解除	解除所有 IO 信号的仿真设定
请再启动	可以进行再启动（电源 OFF/ON）（R-30iB Mate 上不予显示）
启用 HMI 菜单	按下 MENU 键时，选择是否显示 HMI 菜单
更新面板	进行画面的再次显示
诊断记录	发生故障时记录调用数据。 发生故障时，请在电源置于 OFF 前记录下来
划除诊断记录	删除所记录的调查用数据

D　画面分割菜单

按下示教器的 DISP+SHIFT 两个按键，即可显示分割菜单画面，如图 8-21 所示。

图 8-21　分割菜单画面

分割菜单功能见表 8-8。

表 8-8 分割菜单功能

项 目	含 义
1 个画面	在整个画面只显示一个数据。画面不予分割
2 个画面	分割为左右两个画面
3 个画面	左右两个画面中，右边的画面上下分割，共显示 3 个画面
状态/一个画面	分割为左右两个画面，但右边的画面略大，左边的画面显示带有图标的状态辅助窗口
宽平	至多能够显示横向 76 个字符，纵向 20 个字符
Double Horizontal	分割为上下两个画面
Triple Horizontal	上下两个画面中，上面的画面左右分割，共显示 3 个画面
编辑画面转换	分割显示多个编辑画面时，切换编辑对象的程序
履历	显示紧靠其前所显示的 8 个菜单，可显示所选的菜单
构造	显示已登录的画面配置的列表，可根据选择变更配置
菜单收藏夹	显示已登录的菜单的列表，可显示选择的菜单
Related Views	所显示的画面上已登录有相关视图时，相关视图将被显示在辅助菜单上，并可显示所选择的相关视图
最大化/尺寸返回	在将画面进行 2 分割、3 分割时，全画面显示现在所选择的画面，并再次复原
Zoom	放大所选画面的字符。此外，使放大的字符复原

8.2.3 本体介绍

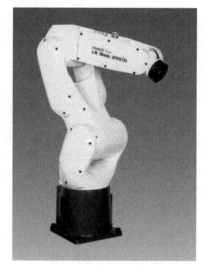

LR Mate 200iD-4S 是一款大小和人的手臂相近的迷你型机器人。因为它的手臂很苗条，所以即使被安装在狭小的空间中使用，也可以把机器人手臂与周围设备发生碰撞的可能性控制在最低限度。轻量的机构部分，能够容易地把它安装在加工机械内部或进行顶吊安装。通过采用高刚性手臂和先进的伺服控制技术，即使是高速运动时也不会产生晃动，实现了高速而且平滑的动作性能，如图 8-22 所示。

LR Mate 200iD-4S 机器人本体基座上有伺服电机动力电缆接口、编码器电缆接口以及两个集成气源接口。机器人本体与控制柜之间通过航空插头电缆线进行连接，注意：机器人本体端的伺服电机动力电缆与编码器电缆共用一个航空插头，如图 8-23 所示。

图 8-22 LR Mate 200iD-4S 机器人

LR Mate 200iD-4S 机器人本体手腕由 1 个集成信号接口（EE 接口）与两个集成气源接口组成，如图 8-24 所示。

图 8-23　机器人本体气源接口与动力电缆接口

图 8-24　EE 接口、气源接口

8.2.4　控制柜介绍

　　LR Mate 200iD-4S 机器人所使用的控制柜型号为 R-30iB Mate，如图 8-25 所示。该控制柜主要由断路器、操作面板、USB 端口、连接电缆、散热风扇、示教器挂钩组成。具体功能介绍如下。

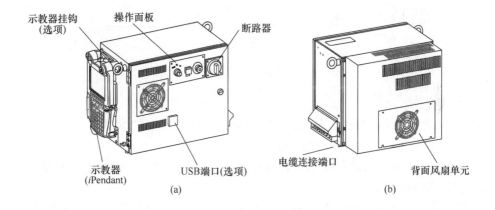

图 8-25　R-30iB Mate 控制柜

（a）R-30iB Mate 控制柜正面；（b）R-30iB Mate 控制柜背面

8.2.4.1　断路器

　　断路器也称之为电源开关，当旋转开关旋至 ON 位置，表示整机上电，当旋转开关旋至 OFF 位置，表示整机下电，如图 8-26 所示。

8.2.4.2　操作面板

　　操作面板由模式开关、启动开关、急停按钮组成，如图 8-27 所示。

图 8-26　机器人控制柜断路器

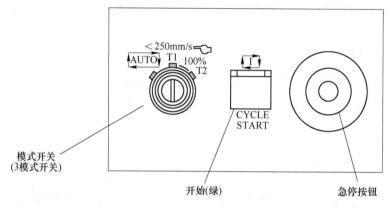

图 8-27　操作面板

A　模式开关

模式开关有 3 种模式可选，分别为 AUTO 模式、T1 模式、T2 模式。

AUTO 模式是在生产中所使用的一种方式。

T1 模式是在对机器人进行手动位置示教时所使用的方式，工具中心点和法兰盘的速度被限制在 250mm/s 以下。

T2 模式是对所创建的程序进行确认的一种方式。在 T1 模式下，由于速度受到限制，不能对原有的机器人轨迹、正确的循环时间进行确认。T2 模式下速度基本不受限制，所以可通过在生产时的速度下操作机器人来对轨迹和循环时间进行确认。

B　启动开关

当机器人选择 AUTO 模式时，通过按压启动开关来启动当前所选的程序，程序启动运行时，该开关灯保持点亮。

C　急停按钮

当发生紧急情况时，通过按下此按钮可使机器人立即停止，当解除紧急情况后，顺时针旋转急停按钮可解除按钮锁定。

8.3 发那科 Mate200iD-4S 机型使用简析

8.3.1 课题分析

发那科机器人工作站如图 8-28 所示。

图 8-28 发那科机器人工作站

工作要求：能够按照规范、安全地使用机器人。可以使用示教器完成机器人的基本操作与设置。

课题目的

(1) 熟悉工业机器人的上下电的安全操作步骤。

(2) 掌握工业机器人的基本设定与关节轴零点标定的方法。

课题重点

(1) 工业机器人的上下电安全操作步骤。

(2) 工业机器人零点标定的操作方法。

课题难点

工业机器人零点标定的操作方法。

8.3.2 上下电操作

机器人上下电操作也指机器人开机/关机操作，上下电操作是正确使用机器人的前提，掌握正确的操作方法有利于保护机器人，同时能够延长机器人的使用寿命。下面介绍正确的上下电操作方法。

8.3.2.1 机器人系统连接

新购买的机器人在完成现场安装后，初次上电时需要对机器人本体、控制柜、示教器进行电气连接，在之后的使用中，示教器电缆、本体电缆则不需要拆卸。

A 示教器与控制柜的连接

示教器与控制柜的连接接口如图 8-29 所示，连接时需要注意接口的插针要对齐并旋紧。

图 8-29　示教器与控制柜的连接接口

B　工业机器人与控制柜连接

机器人本体与控制柜的连接接口如图 8-30 所示，连接时需要注意接口插针对齐，航空搭扣要扣紧，以防在使用过程中脱落。

图 8-30　机器人本体与控制柜的连接接口

8.3.2.2　上电操作（启动机器人）

（1）将断路器开关旋转至 ON 位置，如图 8-31 所示。

（2）模式选择开关旋至 T1 模式，如图 8-32 所示。

（3）示教器有效开关旋至 ON 位置，如图 8-33 所示。

（4）检查控制柜、示教器急停按钮是否已松开（如未松，顺时针旋转急停按钮使其松开），如图 8-34 所示。

（5）等待示教器开机完成，显示功能画面并检查状态窗口中的提示，查看机器人的状态是否正常，如图 8-35 所示。

图 8-31 断路器在 ON 位置

图 8-32 机器人 T1 工作模式

图 8-33 示教器有效开关在 ON 位置

(a)

(b)

图 8-34 示教器与控制柜急停松开

(a) 示教器急停松开状态；(b) 控制柜急停松开状态

注意：未进行任何操作时，异常状态指示灯会一直处于红色点亮状态，这是正常现象。

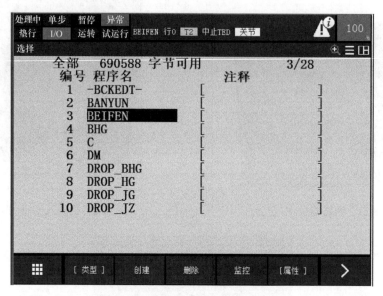

图 8-35　机器人启动完成后的画面

（6）按下示教器功能区中的 RESET 按钮+示教器安全开关，对示教器异常报警进行复位操作，完成机器人启动操作，如图 8-36 所示。

注意：如状态指示变为熄灭，表示机器人状态正常，可以进行进一步的操作。如状态指示灯仍为红色点亮状态，则需检查机器人以确定异常原因。

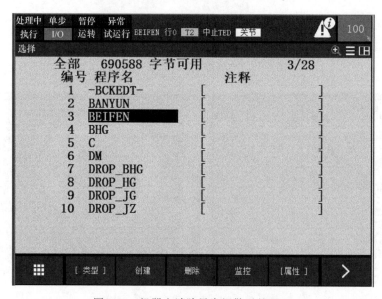

图 8-36　机器人消除异常报警后的画面

8.3.2.3　下电操作（关闭机器人）

（1）示教器有效开关旋至 OFF 位置，如图 8-37 所示。

图 8-37 示教器有效开关在 OFF 位置

（2）按下示教器、控制柜上的急停按钮，如图 8-38 所示。

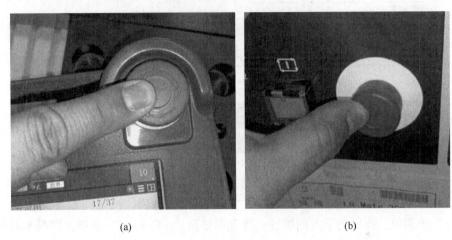

(a)   (b)

图 8-38 示教器与控制柜急停按钮被压下状态

（a）示教器急停按钮被压下状态；（b）控制柜急停按钮被压下状态

（3）将断路器开关旋转至 OFF 位置，关闭机器人完成，如图 8-39 所示。

图 8-39 断路器在 OFF 位置

8.3.3 语言设置

初次安装的机器人出厂时示教器画面语言默认为英文，为了便于操作，使用者可以将示教器的语言设置为中文，具体设置步骤如下。

（1）按下示教器面板上的 MENU 按键，进入主菜单，如图 8-40 所示。

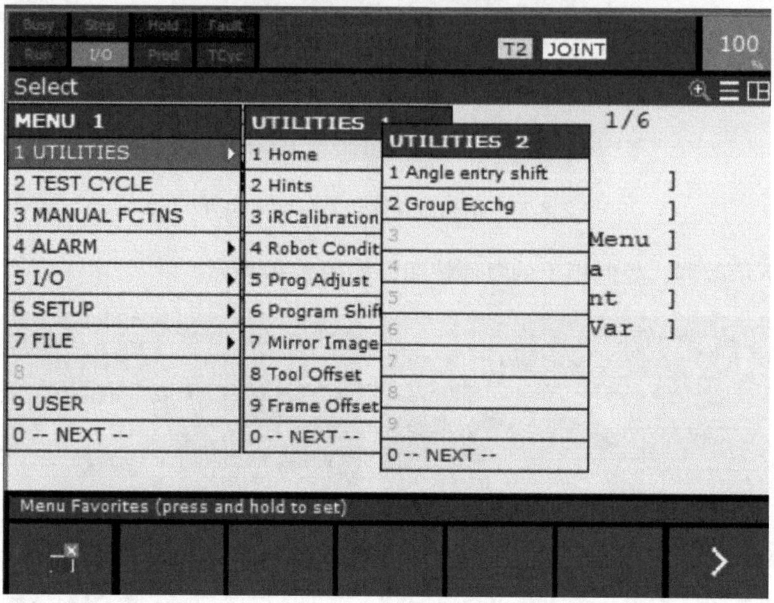

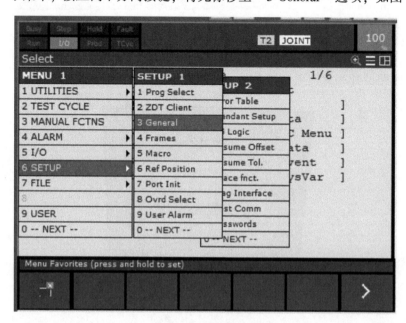

图 8-40 主菜单画面

（2）按压向下方向按键，将光标移至"6 SETUP"选项，按压向右方向按键，进入"SETUP1"子菜单，按压向下方向按键，将光标移至"3 General"选项，如图 8-41 所示。

图 8-41 子菜单画面

（3）按压〈ENTER〉按键，进入语言设置画面，按压向下方向按键，将光标移至第 2 行"ENGLISH"处并按压〈F4〉按键进入语言选择画面，选择"2 CHINESE"，并按压〈ENTER〉按键，如图 8-42 所示。

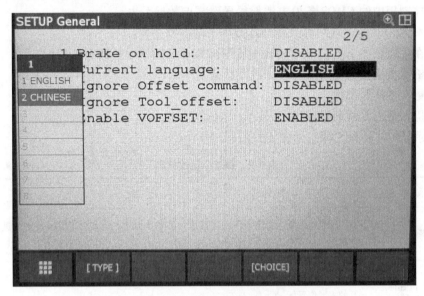

图 8-42　语言设置画面

（4）等待 2s 左右，画面将自动显示为中文，如图 8-43 所示。

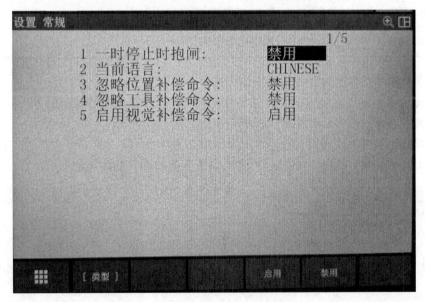

图 8-43　语言设置成功后的画面

8.3.4　零点标定

零点标定指将机器人恢复至零点位置，使机器人各轴的轴角度位置数据与连接在各轴上的脉冲编码器中的脉冲计数值对应起来的操作。

机器人出厂时，已进行零点标定，所以在日常使用中不需要进行零点标定操作，但是遇到下列情况，则需要进行零点标定：

(1) 机器人执行了初始化启动；

(2) 控制柜内的 CMOS 备份电池耗尽导致零点数据丢失；

(3) 本体 SPC 电池耗尽导致脉冲计数器中的数据丢失；

(4) 在关机状态下更换本体 SPC 电池导致脉冲计数器中的数据丢失；

(5) 机器人因碰撞而造成脉冲计数器数据发生变化；

(6) 更换轴伺服电机；

(7) 机械臂因维修而拆装过。

零点标定的种类有 5 种，见表 8-9。

表 8-9　零点标定的种类

零点标定操作	内　容
专用夹具零点位置标定	这是使用零点标定专用的夹具进行的零点标定。这是在工厂出货之前进行的零点标定
全轴零点位置标定	这是将机器人的各轴对合于零度位置而进行的零点标定。参照安装在机器人各轴上的零度位置标记
简易零点标定	这是将零点标定位置设定在任意位置上的零点标定。需要事先设定好参考点
单轴零点标定	这是针对每一轴进行的零点标定
输入零点标定数据	这是直接输入零点标定数据的方法

下面以全轴零点标定为例介绍其操作方法。

(1) 无论哪种零点标定方法，首先必须将机器人通过使用关节移动的方式，将各轴同时调到机械零点标记位置。各关节机械零点位置如图 8-44 所示。

(2) 按压〈MENU〉按键，显示主菜单，按压数字 0，进入下一页选择 "6 系统"，进入 "系统 1" 子菜单，选择 "2 变量" 进入系统变量画面，如图 8-45 所示。

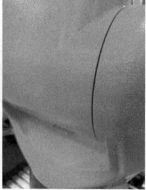

图 8-44 机器人各关节机械零刻度位置

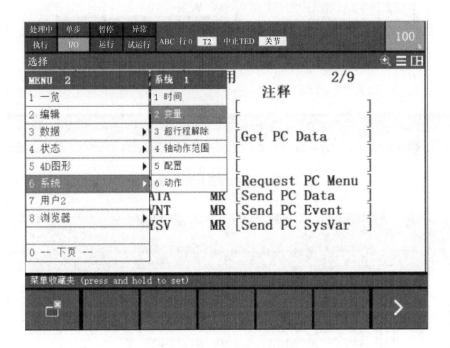

图 8-45 主菜单画面

（3）按压向下方向键找到"$MASTER_ENB"变量，光标移至该变量后面的"0"，按〈ENTER〉按键，输入数字"1"，再次按压〈ENTER〉按键，使该变量变为有效，如图 8-46 所示。

（4）按压〈F1〉按键对应屏幕上的"类型"，屏幕上显示"类型1"对话框，选择"3 零点标定/校准"，按压〈ENTER〉按键进入系统零点标定/校准画面，如图 8-47 所示。

（5）选择"2 全轴零点位置标定"并按下〈ENTER〉按键，如图 8-48 所示。

（6）根据提示"执行零点位置标定?"按压〈F4〉按键对应屏幕上的"是"，如图 8-49 所示。

（7）光标选择"7 更新零点标定结果"并按下〈ENTER〉按键，屏幕显示"更新零点标定结果?"按压〈F4〉按键对应屏幕上的"是"，进行数据更新，如图 8-50 所示。

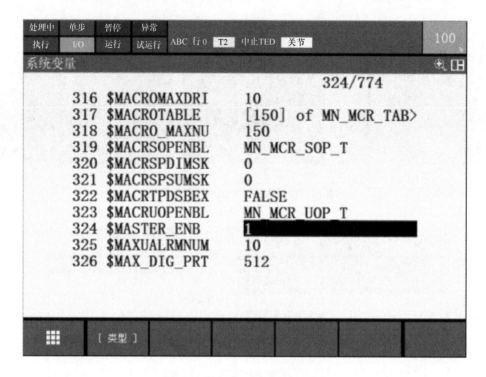

图 8-46　系统变量设置画面

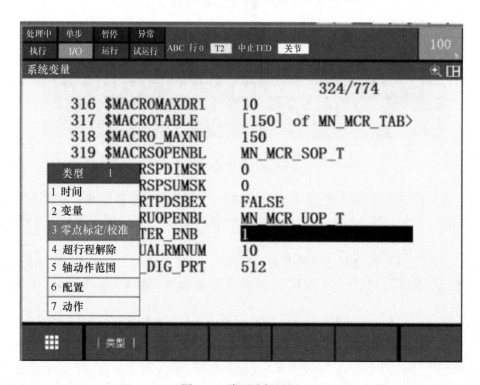

图 8-47　类型选择画面

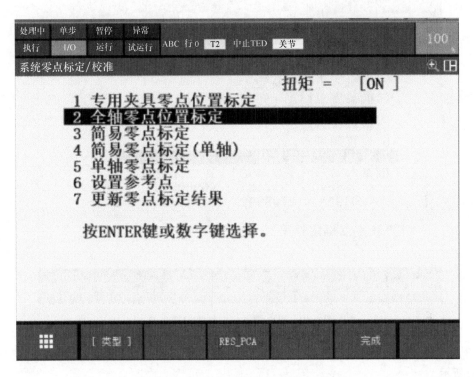

图 8-48　零点标定类型选择画面

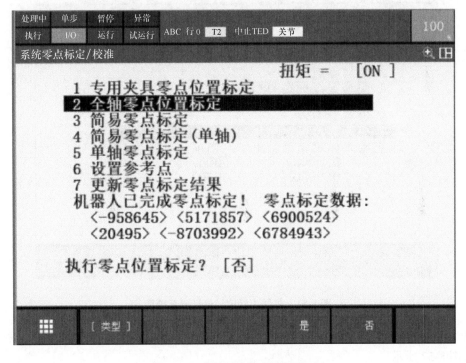

图 8-49　全轴零点标定设置画面

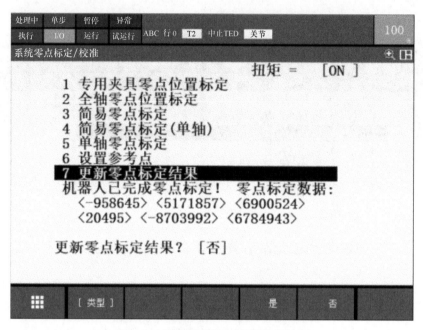

图 8-50 更新零点标定结果设置画面

（8）屏幕显示机器人标定结果已更新，按压〈F5〉按键对应屏幕上的"完成"，如图 8-51 所示。

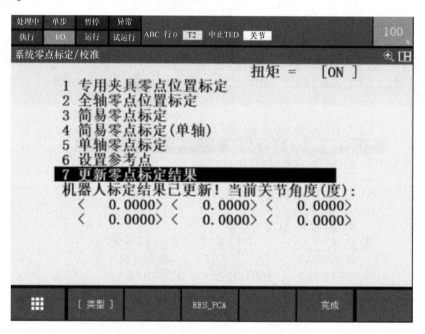

图 8-51 机器人标定结果已更新画面

（9）界面跳转至"$ MASTER_ ENB"变量，变量设置恢复为 0，至此全轴零点标定完成，如图 8-52 所示。

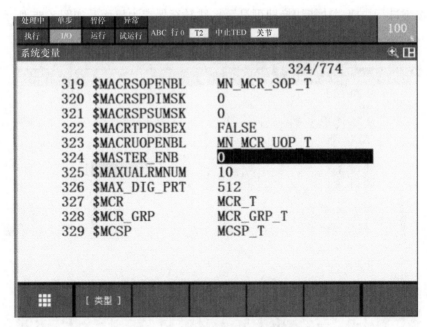

图 8-52 零点标定设置完成画面

8.3.5 程序备份与加载

8.3.5.1 程序备份操作方法

（1）将 U 盘插到示教器右边的 USB 端口上，如图 8-53 所示。

（2）按〈SELECT〉键，出现用户编写的程序文件，选中需要保存的程序文件（以 "GMS" 文件名为例），如图 8-54 所示。

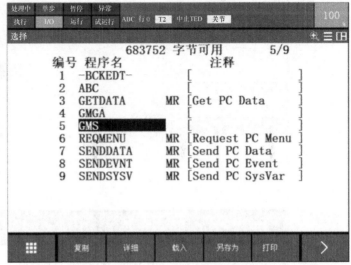

图 8-53 示教器 USB 位置

图 8-54 文件一览画面

（3）按〈F4〉按键，对应屏幕 "另存为" 功能（如屏幕上没有 "另存为"，按

〈NEXT〉按键进行快捷栏功能切换即可显示）跳转至保存为界面，如图8-55所示。

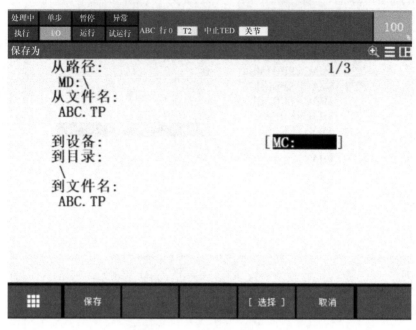

图8-55 文件保存界面

（4）再按〈F4〉按键，对应屏幕"选择"功能，将光标移动至"6 TP上的USB（UT1:）"按下〈ENTER〉键，确定文件保存路径，如图8-56所示。

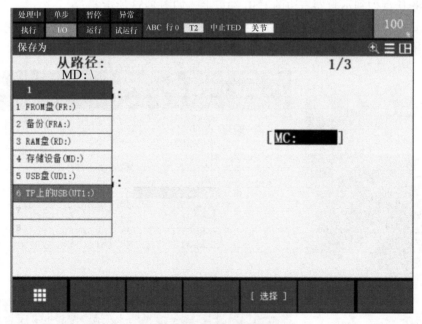

图8-56 保存路径设置画面

（5）按〈F1〉按键，对应屏幕"保存"功能，屏幕提示"覆盖?"，按〈F4〉按键选择"是"，屏幕跳转至程序文件界面，即完成了文件的保存，如图 8-57 所示。

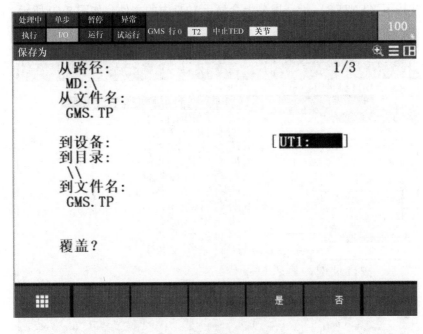

图 8-57　文件保存覆盖设置画面

8.3.5.2　从 U 盘内加载程序

（1）按〈MENU〉键显示主菜单，选择"7 文件"并按〈ENTER〉按键，出现下一级子菜单，选择"1 文件"，按〈ENTER〉键，进入文件显示画面，如图 8-58 所示。

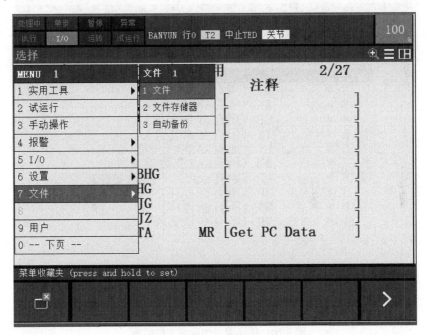

图 8-58　主菜单画面

（2）按〈F1〉按键，对应屏幕上类型功能，进入子菜单，选择"7 TP 上的 USB（UT1:）"并按下〈ENTER〉键，屏幕上会显示 U 盘内的文件，如图 8-59 所示。

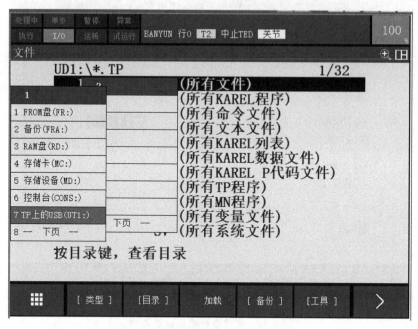

图 8-59 文件读取路径选择画面

（3）移动光标选中需要加载的文件（以"BEIFEN"文件名为例），按〈F3〉按键，对应屏幕上"加载"功能，如图 8-60 所示。

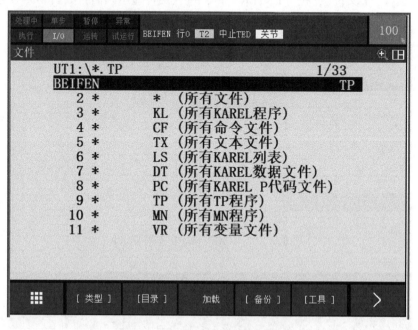

图 8-60 选择需要加载的文件画面

（4）按〈F4〉按键，对应屏幕上"是"，即完成了程序的加载，如图 8-61 所示。

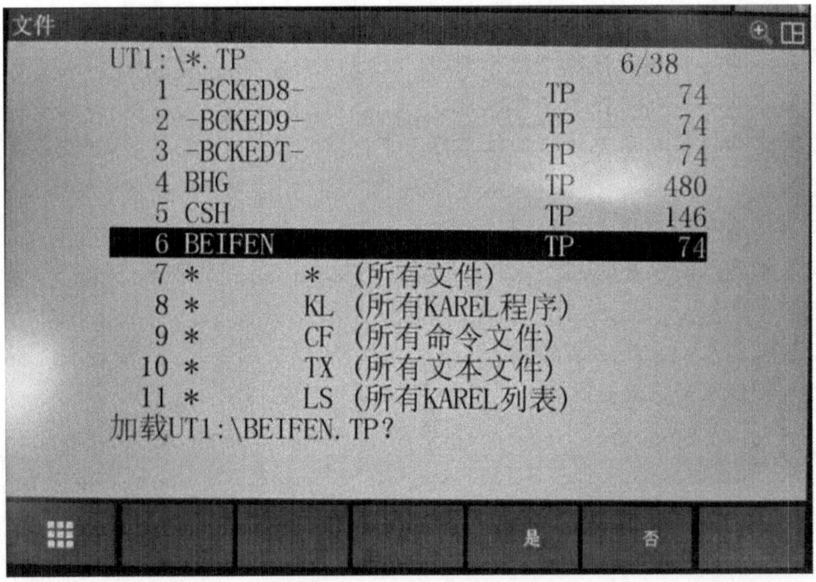

图 8-61　加载文件设置画面

注意：如果已经存在文件，则会出现是否覆盖的提示信息，按〈F3〉"覆盖"键即可。

8.4　工业机器人自动化编程与调试应用案例

8.4.1　课题分析

发那科机器人工作站中的物料搬运练习模块如图 8-62 所示。

图 8-62　发那科机器人工作站中的物料搬运练习模块

工作要求：能够按照规范安全地使用机器人。可以用示教器进行机器人物料搬运在线示教编程。

课题目的

（1）熟悉工业机器人的在线示教编程。

（2）熟悉工业机器人的各项参数设定。

（3）了解工业机器人示教编程的注意点。

课题重点

（1）工业机器人的在线示教编程。

（2）工业机器人的参数设定。

课题难点

（1）工业机器人的在线示教编程。

（2）工业机器人的参数设定。

8.4.2　动作指令

所谓动作指令是指以指定的移动速度和移动方法使机器人向作业空间内的指定位置移动的指令，动作指令中包含 4 部分，如图 8-63 所示。

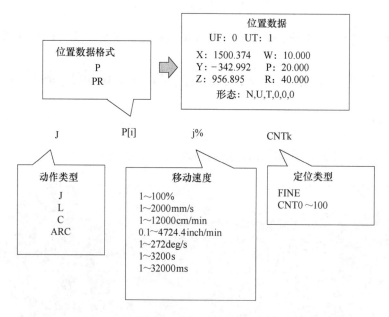

*根据机器人的机型，移动速度的最大值不同。

图 8-63　动作指令格式

8.4.2.1　机器人动作类型

用于指定向指定位置的移动轨迹控制，机器人的动作类型有关节动作（J）、直线动作（L）、圆弧动作（C）、C 圆弧动作（A）。

A　关节动作（J）

将机器人移动到指定位置的基本移动方法，机器人所有轴同时加速，在示教速度下移动后，同时减速后停止。移动轨迹通常为非线性，如图 8-64 所示。

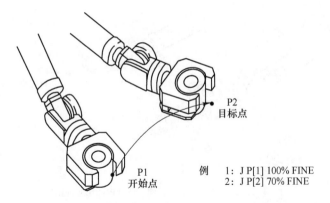

图 8-64　关节动作示意

B　直线动作（L）

以线性方式对从动作开始点到结束点的工具中心点移动轨迹进行控制的一种移动方法，如图 8-65 所示。

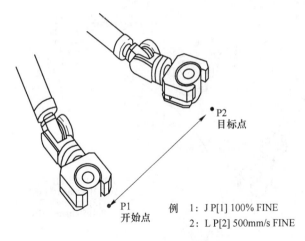

图 8-65　直线动作示意

C　圆弧动作（C）

从动作开始点通过经过点到结束点以圆弧方式对工具中心点移动轨迹进行控制的一种移动方法。其在一个指令中对经过点和目标点进行示教，如图 8-66 所示。

D　C 圆弧动作（A）

圆弧动作指令下，需要在 1 行中示教经过点和目标点两个位置，C 圆弧动作指令下，在 1 行中，只需示教 1 个位置，连续的 3 个 C 圆弧动作指令将使机器人按照 3 个示教点位所形成的圆弧轨迹进行动作，如图 8-67 所示。

8.4.2.2　位置资料

用于存储机器人的位置与姿态，在对动作指令进行示教时，位置资料同时被写入程序。在动作指令中，位置资料以位置变量（P[i]）或位置寄存器（PR[i]）来表示。标准设定下使用位置变量，如图 8-68 所示。

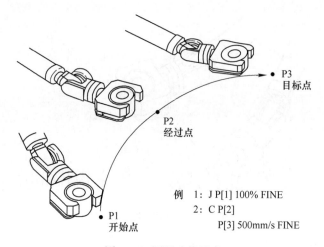

例 1: J P[1] 100% FINE
2: C P[2]
   P[3] 500mm/s FINE

图 8-66 圆弧动作示意

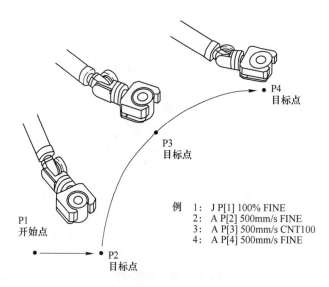

例 1: J P[1] 100% FINE
2: A P[2] 500mm/s FINE
3: A P[3] 500mm/s CNT100
4: A P[4] 500mm/s FINE

图 8-67 C 圆弧动作示意

图 8-68 位置变量与位置寄存器

A 位置变量 P[i]

位置变量是标准的位置资料存储变量。在对动作指令进行示教时,自动记录位置资料。在进行直角坐标值的示教时,使用如下直角坐标系和坐标系号码:

当前所选的工具坐标系号码的坐标系 (UT=1−10)

当前所选的用户坐标系号码的坐标系（UF=0-9）

再现时使用如下直角坐标系和坐标系号码：

所示教的工具坐标系号码的坐标系（UT=1-10）

所示教的用户坐标系号码的坐标系（UF=0-9）

B 位置寄存器 PR[i]

位置寄存器是用来储存位置资料的通用存储变量。在进行直角坐标值的示教时，使用如下直角坐标系和坐标系号码：

当前所选的工具坐标系号码的坐标系（UT=F）

当前所选的用户坐标系号码的坐标系（UF=F）

再现时使用如下直角坐标系和坐标系号码：

所示教的工具坐标系号码的坐标系（UT=F）

所示教的用户坐标系号码的坐标系（UF=F）

位置寄存器中，可通过选择群组号码而仅使某一特定动作组动作。

8.4.2.3 移动速度

移动速度用于指定机器人的移动速度，在程序执行中，移动速度受到速度倍率的限制，速度倍率值的范围为 1%~100%，在移动速度指定的单位，根据动作指令所示教的动作类型而不同，见表 8-10。

表 8-10 速度值设定范围

单位	允许执行的范围
%	1~100 整数
s	0.1~3200.0 实数/至小数第一位有效
msec	1~32000 整数
mm/s	1~2000 整数
cm/min	1~12000 整数
inch/min	0.1~4724.2 实数/至小数第一位有效
deg/s	1~272 整数

8.4.2.4 定位类型

用于定义动作指令中的机器人的动作结束方式，标准情况下，定位类型有两种。

（1）FINE 定位类型。使用 FINE 定位类型时，当机器人到达目标位置后，会短暂停止一会后，再向着下一个目标位置移动。

（2）CNT 定位类型。使用 CNT 定位类型时，当机器人靠近目标位置时，不会在该位置停止而直接向下一位置动作。机器人靠近目标位置的程度，由 0~100 的数值来定义。指定 0 时，机器人在最靠近目标位置处动作，但不在目标位置停止而开始下一个动作。指定 100 时，机器人在目标位置附近不减速而马上向着下一个点移动，并通过最远离目标位置的点，如图 8-69 所示。

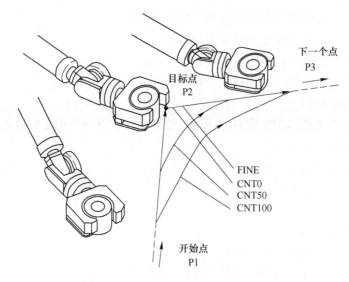

图 8-69　FINE 与 CNT 定位类型示意图

8.4.3　搬运程序创建

本节主要讲解如何使用 FANUC 机器人进行物料搬运程序的在线示教编程。

8.4.3.1　任务要求

本节中使用机器人将 A 物料盘中的 1 号圆柱体物料搬运至 B 物料盘中的 1 号位置为例进行讲解，其中机器人的定位类型选用 FINE 定位，关节插补移动速度设为 100%、直线插补速度设为 1000mm/s，抓手控制信号设为 RO1、快换信号设为 RO3，如图 8-70 所示。

8.4.3.2　机器人 I/O 信号连接

本案例中使用机器人本体上的 EE 接口作为搬运抓手的控制信号，其中 RO1 作为搬运抓手的张开与闭合信号，RO3 作为

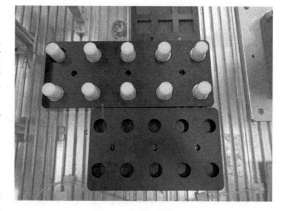

图 8-70　物料搬运模块

搬运工具快速拆装的开闭信号，EE 接口引脚示意图如图 8-71 所示。具体的电气接线此处不作具体介绍。

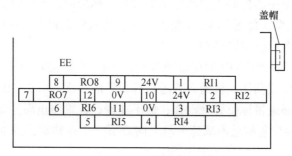

图 8-71　EE 接口引脚示意图

8.4.3.3　搬运工具安装

（1）本书中搬运的物体为圆柱体物料，因此选择指型气动抓手作为此次作业的工具，如图8-72所示。

图8-72　气动抓手

（2）按示教器功能区中的〈I/O〉按键，进入I/O设置菜单，按〈F1〉类型功能按键，进入类型1菜单，选择"6机器人"，进入RI/RO信号设置界面，如图8-73所示。

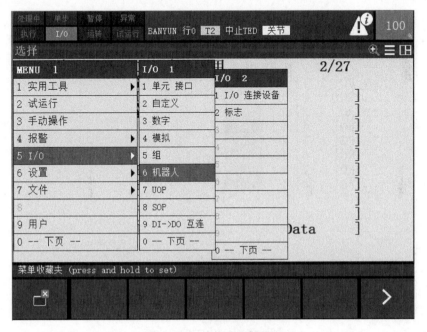

图8-73　I/O信号设置画面

（3）将指型气动抓手手动安装至机器人 6 轴法兰盘上的快换装置上并保持不松手，如图 8-74 所示。

注意： 快换与工具之间有两个缺口需要对准才能安装上。

图 8-74　快换装置与抓手的安装

（4）按示教器方向键，将光标移动至 RO3 信号处，按〈F4—ON〉功能按键，使快换与抓手之间锁紧，即完成搬运工具的安装，如图 8-75 所示。

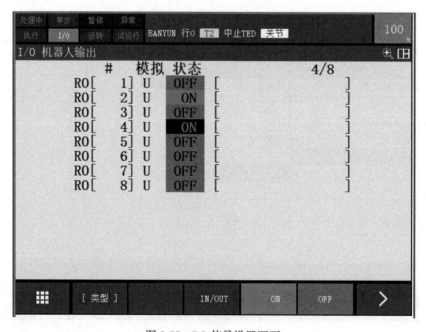

图 8-75　RO 信号设置画面

8.4.3.4 搬运程序文件创建

（1）按〈SELECT〉按键进入程序一览画面，如图 8-76 所示。

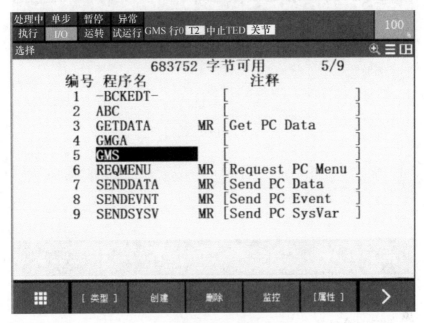

图 8-76 程序一览画面

（2）按〈F2〉创建功能按键，创建一个新的程序，文件命名为"BANYUN"，如图 8-77 所示。

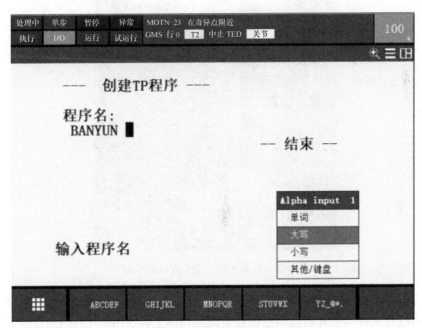

图 8-77 程序名设置画面

（3）按〈ENTER〉键进入程序编辑画面，如图 8-78 所示。

图 8-78　程序名设置完成后的画面

8.4.3.5　搬运程序编写

（1）将机器人移动至安全点（将 5 轴设为 90°，其余各轴设为 0°），如图 8-79 所示。

图 8-79　机器人处于安全点时的姿态

（2）按〈SHIFT〉按键+〈F1〉按键，将 P1 点记录至程序中，如图 8-80 所示。

（3）将机器人移动至 A 料盘的号位置被搬运物体上方 50mm 左右的高度位置，作为抓取物体前的过渡点——接近点，如图 8-81 所示。

（4）按〈SHIFT〉按键+〈F1〉按键，将 P2 点记录至程序中，如图 8-82 所示。

图 8-80　记录 P1 点

图 8-81　机器人在抓取接近点位置

图 8-82 记录 P2 点

（5）将机器人缓慢移动至物体处，移动过程中需要实时调整抓手与圆柱物体之间的同轴度以保证抓取精度，如图 8-83 所示。

图 8-83 机器人抓取物料

（6）按〈SHIFT〉按键+〈F1〉按键，将 P3 点记录至程序中，并设置 R0［1］=ON 信号，以控制抓手闭合进行物料的抓取，如图 8-84 所示。

注意： 在线示教编程过程中，程序中添加 I/O 信号后，需要在 I/O 设置界面手动将相应的信号置 ON 或 OFF。

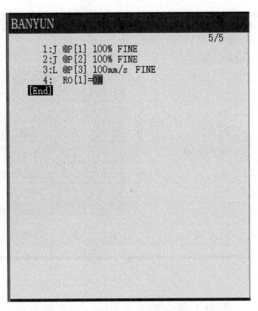

图 8-84 记录 P3 点及设置 R1 信号

（7）将机器人移动至 A1 位置上方 50mm 左右的高度位置，作为抓取物体后的过渡点——离去点，如图 8-85 所示。

图 8-85 机器人在抓取离去点位置

（8）按〈F1〉按键打开标准动作菜单，选择第 1 行，按〈ENTER〉键，在 "P[ ]" 中输入数字 2，即该点的位置数据将与 P2 点相同，如图 8-86 所示。

注意： 离去点与接近点在空间位置上为同一个点，故在编程时两点共用一个位置数据。

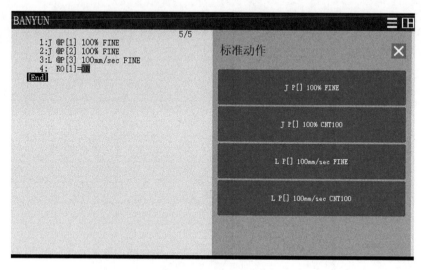

图 8-86 记录 P2 点

（9）将机器人移动至 B 料盘 1 号位置上方 50mm 左右的高度位置，作为下放物体前的过渡点——接近点，如图 8-87 所示。

图 8-87 机器人在下料接近点位置

（10）按〈SHIFT〉按键+〈F1〉按键，将 P4 点记录至程序中，如图 8-88 所示。

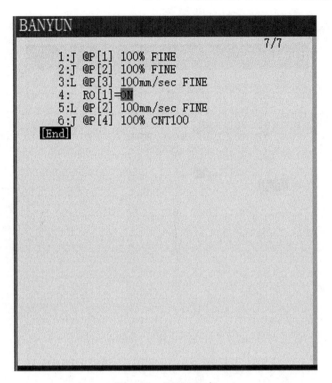

图 8-88 记录 P4 点

（11）将机器人所夹持的物料缓慢移动至料盘中，移动过程中需要实时调整物料与料盘之间的同轴度以保证精度，如图 8-89 所示。

图 8-89 机器人下放物料

（12）按〈SHIFT〉按键+〈F1〉按键，将 P5 点记录至程序中，并设置 R1 = OFF 控制抓手张开下放物料，如图 8-90 所示。

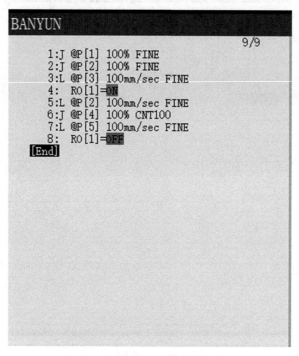

图 8-90 记录 P5 点及设置 R1 信号

（13）将机器人移动至物体上方 50mm 左右的高度位置，作为离开物体后的过渡点，如图 8-91 所示。

图 8-91 机器人在下料离去点

（14）按〈F1〉按键打开标准动作菜单，选择第 1 行，按〈ENTER〉键，在 "P[ ]"

中输入数字 4，即该点的位置数据将与 P4 点相同，如图 8-92 所示。

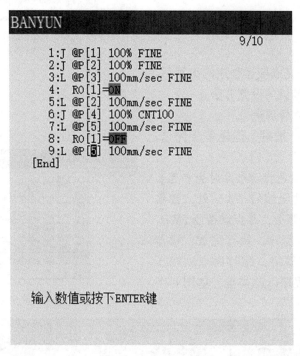

图 8-92 记录 P5 点

（15）按〈F1〉按键打开标准动作菜单，选择第 1 行，按〈ENTER〉键，在"P[ ]"
中输入数字 1，即该点的位置数据将与 P1 点相同，如图 8-93 所示。

图 8-93 机器人回到安全点位置

（16）至此，该段物料搬运程序编写完成。

8.4.4 调试

本节主要讲解在完成搬运程序的编写后，进行单步/连续运转调试的设置方法。

8.4.4.1 单步运转调试

（1）按〈STEP〉按键，选择单步测试，如图 8-94 所示。

注意："单步"黄色指示灯此时会点亮。

（2）将光标移动至编号"1"处，按住〈SHIFT〉按键+安全开关，并点动按压 FWD，机器人将执行第一行程序，执行完成，机器人将停在 P1 点位置等待，此时再点动按压 FWD 以执行第二行程序以此类推，如图 8-95 所示。

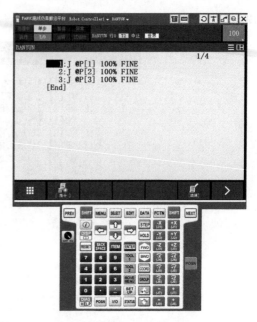

图 8-94 单步运行模式

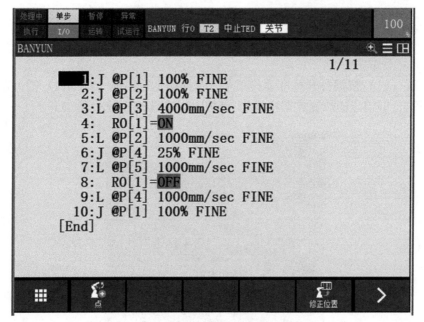

图 8-95 单步运行调试中

8.4.4.2 连续运转调试

（1）按〈STEP〉按键，选择连续测试，如图 8-96 所示。

注意："单步"黄色指示灯此时会熄灭。

（2）将光标移动至编号"1"处，按住〈SHIFT〉按键+安全开关，并点动按压 FWD 一次，机器人将连续执行所有程序，如图 8-97 所示。

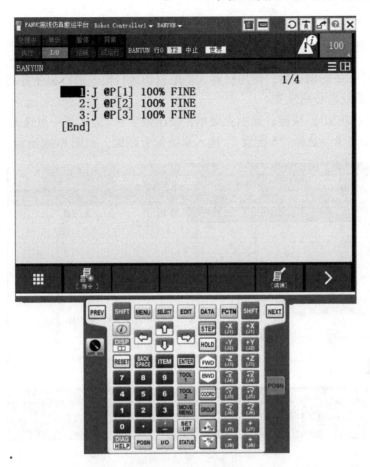

图 8-96 连续运行模式

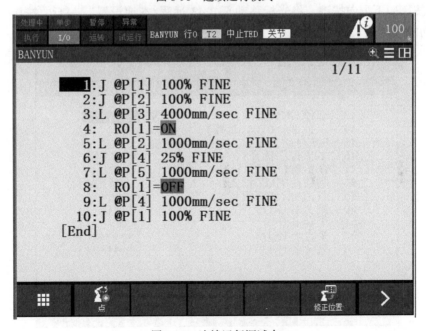

图 8-97 连续运行调试中

8.4.5 自动运转

在完成搬运程序的调试后，使用机器人本地自动运行模式进行程序自动运行的设置。

8.4.5.1 示教器功能设置

（1）按压〈MENU〉按键，显示主菜单，按压数字0，进入下一页选择"6系统"，进入"系统1"子菜单，选择"5配置"进入系统配置画面，如图8-98所示。

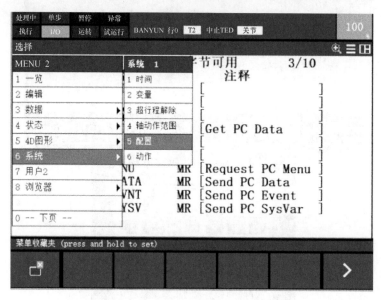

图8-98 主菜单画面

（2）按压向下方向按键，将光标移动至"43远程/本地设置"一行，按压〈F4〉键"选择"功能按键进入"1"子菜单，如图8-99所示。

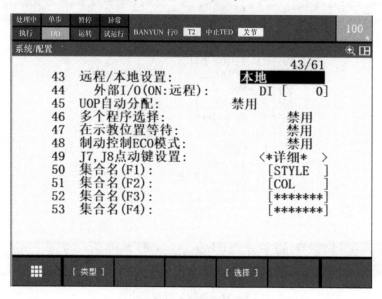

图8-99 系统设置画面

（3）选择"2本地"并按〈ENTER〉按键，完成设置，如图8-100所示。

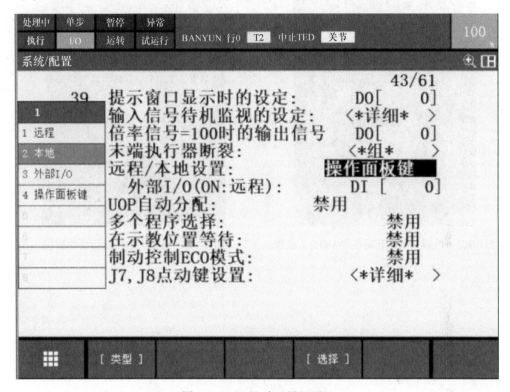

处理中	单步	暂停	异常				100
执行	I/O	运转	试运行	BANYUN 行0 T2 中止TED 关节			

系统/配置

43/61

39	提示窗口显示时的设定：	DO[0]
1	输入信号待机监视的设定：	<*详细* >
1 远程	倍率信号=100时的输出信号	DO[0]
2 本地	末端执行器断裂：	<*组* >
3 外部I/O	远程/本地设置：	**操作面板键**
4 操作面板键	外部I/O(ON:远程)：	DI [0]
	UOP自动分配：	禁用
	多个程序选择：	禁用
	在示教位置等待：	禁用
	制动控制ECO模式：	禁用
	J7, J8点动键设置：	<*详细* >

[类型]   [选择]

图8-100　远程/本地设置画面

8.4.5.2　示教器与控制柜设置

（1）将示教器有效开关拨至"OFF"位置，如图8-101所示。

图8-101　示教器有效开关在"OFF"位置

（2）将控制面板上的模式开关拨至"AUTO"位置，并按压示教器上的"RESET"按钮，将异常报警灯清除，如图8-102所示。

（3）按下控制面板上的绿色启动按钮，所编写的程序将自动运转，如图8-103所示。

图 8-102 机器人模式开关在"AUTO"位置

图 8-103 机器人自动运行启动按钮

参 考 文 献

[1] 刘建华，张静之. 自动调速系统［M］. 北京：机械工业出版社，2022.

[2] 万军. 工业控制［M］. 上海：上海教育出版社，2022.

[3] 胡海清，万伟军. 气压与液压传动控制技术［M］. 5版. 北京：北京理工大学出版社，2018.

[4] 刘建华，王才峰，张静之. 机电技术应用专业骨干教师培训教程［M］. 北京：知识产权出版社，2018.

[5] 刘建华，牟智刚，宁宗奇，郑昊. 电气自动化专业骨干教师培训教程［M］. 北京：冶金工业出版社，2022.

[6] 刘长清. S7-1500 PLC项目设计与实践［M］. 北京：机械工业出版社，2016.

[7] 向晓汉. 西门子S7-1500 PLC完全精通教程［M］. 北京：化学工业出版社，2018.

[8] 茹秋生. 数控机床装配与调整模块化教程［M］. 苏州：苏州大学出版社，2014.

[9] 刘永久. 数控机床故障诊断与维修技术（FANUC系统）［M］. 2版. 北京：机械工业出版社，2022.

[10] 张静之，刘建华. PLC编程技术与应用［M］. 北京：电子工业出版社，2015.

[11] 张静之，刘建华. FX3U系列PLC编程技术与应用［M］. 北京：机械工业出版社，2018.

[12] 崔坚. SIMATIC S7-1500 PLC与TIA博途软件使用指南［M］. 北京：机械工业出版社，2016.

[13] 张明文. 工业机器人入门实用教程（FANUC机器人）［M］. 哈尔滨：哈尔滨工业大学出版社，2017.

[14] 胡金华. FANUC工业机器人系统集成与应用［M］. 北京：机械工业出版社，2021.

[15] 周红. 机械系统拆装（上册）［M］. 上海：上海科学技术出版社，2009.

[16] 黄汉军. 机械系统拆装（下册）［M］. 上海：上海科学技术出版社，2009.

冶金工业出版社推荐图书

书　　名	作　者	定价(元)
电力电子技术项目式教程	张诗淋　杨　悦 李　鹤　赵新亚	49.90
供配电保护项目式教程	冯　丽　李　鹤　赵新亚 张诗淋　李家坤	49.90
电子产品制作项目式教程	赵新亚　张诗淋 冯丽　吴佩珊	49.90
传感器技术与应用项目式教程	牛百齐	59.00
自动控制原理及应用项目式教程	汪　勤	39.80
电子线路 CAD 项目化教程——基于 Altium Designer 20 平台	刘旭飞　刘金亭	59.00
电机与电气控制技术项目式教程	陈　伟　杨　军	39.80
智能控制理论与应用	李鸿儒　尤富强	69.90
电气自动化专业骨干教师培训教程	刘建华　等	49.90
物联网技术与应用——智慧农业项目实训指导	马洪凯　白儒春	49.90
物联网技术基础及应用项目式教程(微课版)	刘金亭　刘文晶	49.90
5G 基站建设与维护	龚猷龙　徐栋梁	59.00
太阳能光热技术与应用项目式教程	肖文平	49.90
虚拟现实技术及应用	杨　庆　陈　钧	49.90
车辆 CarSim 仿真及应用实例	李茂月	49.80
Windows Server 2012 R2 实训教程	李慧平	49.80
现代科学技术概论	宋　琳	49.90
Introduction to Industrial Engineering 工业工程专业导论	李　杨	49.00
合作博弈论及其在信息领域的应用	马忠贵	49.90
模型驱动的软件动态演化过程与方法	谢仲文	99.90
Professional Skill Training of Maintenance Electrician 维修电工职业技能训练	葛慧杰　陈宝玲	52.00
财务共享与业财一体化应用实践——以用友 U810 会计大赛为例	吴溥峰　等	99.90